U0187888

教育部高等学校电子信息类专业教学指导委员会规划教材

高等学校电子信息类专业系列教材·新形态教材

"互联网+"时代立体化 计算机组成原理实验教程

（第2版·微课视频版）

迟宗正 赖晓晨 编著

清华大学出版社

北京

内 容 简 介

本书从实践的角度,以清华大学科教仪器厂生产的 TEC 系列平台为例,结合"互联网＋"的时代特色,以虚拟仿真实验系统配合支撑设计实验为目标,建设了基于微信公众平台的移动一体化教学平台,供学生通过平台随时随地观看视频进行预习并借助多模态虚拟仿真系统课下提前模拟演练,提高学生课上实验的成功率,提升学生课上实验的难度。

本书分为四部分,从部件验证性实验到综合设计性实验,内容由浅入深、层层递进,实验方式新颖、实用性较强。通过本书的学习,读者可以加深对理论知识的理解和掌握。

本书适用于从事计算机组成原理实验教学工作的教师,学习计算机组成原理、计算机组织与结构或计算机体系结构的本科生或研究生,想尝试进行移动一体化教学改革的各专业教师和实验教师,采用清华大学科教仪器厂生产的 TEC 系列实验平台的师生。

图书在版编目(CIP)数据

"互联网＋"时代立体化计算机组成原理实验教程:微课视频版/迟宗正,赖晓晨编著.—2版.—北京:清华大学出版社,2023.9

高等学校电子信息类专业系列教材 新形态教材

ISBN 978-7-302-63843-8

Ⅰ.①互… Ⅱ.①迟… ②赖… Ⅲ.①计算机组成原理－高等学校－教材 Ⅳ.①TP301

中国国家版本馆 CIP 数据核字(2023)第 107711 号

责任编辑:赵 凯
封面设计:李召霞
责任校对:徐俊伟
责任印制:曹婉颖

出版发行:清华大学出版社
  网 址:http://www.tup.com.cn,http://www.wqbook.com
  地 址:北京清华大学学研大厦 A 座   邮 编:100084
  社 总 机:010-83470000   邮 购:010-62786544
  投稿与读者服务:010-62776969,c-service@tup.tsinghua.edu.cn
  质量反馈:010-62772015,zhiliang@tup.tsinghua.edu.cn
  课件下载:http://www.tup.com.cn,010-83470236
印 装 者:大厂回族自治县彩虹印刷有限公司
经 销:全国新华书店
开 本:185mm×260mm 印 张:13.25   字 数:331 千字
版 次:2019 年 4 月第 1 版 2023 年 9 月第 2 版 印 次:2023 年 9 月第 1 次印刷
印 数:1～1500
定 价:59.00 元

产品编号:098094-01

序
FOREWORD

我国电子信息产业占工业总体比重已经超过 10%。电子信息产业在工业经济中的支撑作用凸显,更加促进了信息化和工业化的高层次深度融合。随着移动互联网、云计算、物联网、大数据和石墨烯等新兴产业的爆发式增长,电子信息产业的发展呈现了新的特点,电子信息产业的人才培养面临着新的挑战。

(1) 随着控制、通信、人机交互和网络互联等新兴电子信息技术的不断发展,传统工业设备融合了大量最新的电子信息技术,它们一起构成了庞大而复杂的系统,派生出大量新兴的电子信息技术应用需求。这些"系统级"的应用需求,迫切要求具有系统级设计能力的电子信息技术人才。

(2) 电子信息系统设备的功能越来越复杂,系统的集成度越来越高。因此,要求未来的设计者应该具备更扎实的理论基础知识和更宽广的专业视野。未来电子信息系统的设计越来越要求软件和硬件的协同规划、协同设计和协同调试。

(3) 新兴电子信息技术的发展依赖于半导体产业的不断推动,半导体厂商为设计者提供了越来越丰富的生态资源,系统集成厂商的全方位配合又加速了这种生态资源的进一步完善。半导体厂商和系统集成厂商所建立的这种生态系统,为未来的设计者提供了更加便捷却又必须依赖的设计资源。

教育部 2020 年颁布了新版《高等学校本科专业目录》,将电子信息类专业进行了整合,为各高校建立系统化的人才培养体系,培养具有扎实理论基础和宽广专业技能的、兼顾"基础"和"系统"的高层次电子信息人才给出了指引。

传统的电子信息学科专业课程体系呈现"自底向上"的特点,这种课程体系偏重对底层元器件的分析与设计,较少涉及系统级的集成与设计。近年来,国内很多高校对电子信息类专业课程体系进行了大力度的改革,这些改革顺应时代潮流,从系统集成的角度,更加科学合理地构建了课程体系。

为了进一步提高普通高校电子信息类专业教育与教学质量,推动教育与教学高质量发展,教育部高等学校电子信息类专业教学指导委员会开展了"高等学校电子信息类专业课程体系"的立项研究工作,并启动了"高等学校电子信息类专业系列教材"(教育部高等学校电子信息类专业教学指导委员会规划教材)的建设工作。其目的是推进高等教育内涵式发展,提高教学水平,满足高等学校对电子信息类专业人才培养、教学改革与课程改革的需要。

本系列教材定位于高等学校电子信息类专业的专业课程,适用于电子信息类的电子信息工程、电子科学与技术、通信工程、微电子科学与工程、光电信息科学与工程、信息工程及其相近专业。经过编审委员会与众多高校多次沟通,初步拟定分批次建设约 100 门核心课程教材。本系列教材将力求在保证基础的前提下,突出技术的先进性和科学的前沿性,体现创新教学和工程实践教学；将重视系统集成思想在教学中的体现，鼓励推陈出新，采用"自顶向下"的方法编写教材；将注重反映优秀的教学改革成果，推广优秀的教学经验与理念。

为了保证本系列教材的科学性、系统性及编写质量，本系列教材设立顾问委员会及编审委员会。顾问委员会由教指委高级顾问、特约高级顾问和国家级教学名师担任，编审委员会由教育部高等学校电子信息类专业教学指导委员会委员和一线教学名师组成。同时，清华大学出版社为本系列教材配置优秀的编辑团队，力求高水准出版。本系列教材的建设，不仅有众多高校教师参与，也有大量知名的电子信息类企业支持。在此，谨向参与本系列教材策划、组织、编写与出版的广大教师、企业代表及出版人员致以诚挚的感谢，并殷切希望本系列教材在我国高等学校电子信息类专业人才培养与课程体系建设中发挥切实的作用。

吕志伟 教授

第2版前言
PREFACE

当今,随着移动互联网的飞速发展,大学生对传统课堂教学学习兴趣不大已成为普遍现象,造成这种后果的一个重要客观原因就是传统教学方式的吸引力不足。随着移动设备和互联网技术的普及,不少大学生更愿意用手机或平板电脑等手持移动设备随时随地学习。另外,随着网络和科技的进步,来自全球各大高校的一大批教育工作者都在挑战新的教育模式,提出"足不出户上大学",推出 MOOC 教学模式,而对于此过程的实践环节,虚拟仿真成为完成线上实验的唯一途径。

本书从实践的角度,基于清华大学科教仪器厂生产的 TEC 系列实验平台,结合"互联网+"的时代特色,以激发学生的学习兴趣、提高教学质量为目标,从教学、预习、互动、测验考核等各个环节,探索与时俱进的教学辅助手段。

本书共 15 章,分为四部分:

第一部分(第 1～3 章):主要提出了移动一体化教学模式,建设了基于微信公众平台的"计算机组成原理实验"课程平台,供学生通过课程微信公众平台随时随地观看视频进行预习并借助多模态虚拟仿真系统课下提前模拟演练,提高学生课上实验的成功率,提升学生课上实验的难度,而且能够对学生的学习过程进行在线监督。

第二部分(第 4,5 章):介绍本书涉及的 TEC-XP 平台的硬件组织结构和软件设计架构,以及平台的技术指标参数和支持完成的实验项目,特别是监控程序中各监控命令的执行机制。

第三部分(第 6～10 章):主要介绍计算机五大基础部件的验证性实验内容,包括监控程序与汇编实验、脱机运算器实验、存储器扩展实验、三级嵌套中断实验和 I/O 接口扩展通信实验。每项实验都结合编者开发的多模态虚拟仿真实验系统、设计实例进行模拟演练。

第四部分(第 11～15 章):主要介绍基于 VHDL 的设计性实验内容,首先通过一个简单的数字逻辑实验(3-8 译码器)熟悉 ISE 开发环境和 VHDL 编程语言,然后给出两个时序驱动实验案例,进而设计基于时序控制的多形式可读写存储器,最后给出 CPU 的设计方案,层层深入,便于学生接受。

以上四部分内容,从部件验证性实验到综合设计性实验,由浅入深、层层递进,实验方式新颖、实用性较强。学生通过对本书的学习,能够加深对理论知识的理解和掌握。

编者自从事教育工作以来一直负责计算机组成原理实验教学的相关工作,在近 9 年的工作过程中,积累了一定的教学经验,并多次获得教育部产学合作项目、大连理工大学教学改革项目等的支持,目前在《实验室研究与探索》《实验技术与管理》和《实验科学》等实验技术核心期刊发表第一作者文章多篇,其中刊登的很多成果都编入本书。

本书适用于从事计算机组成原理实验教学工作的教师,学习计算机组成原理、计算机组织与结构或计算机体系结构的本科生或研究生,想尝试进行移动一体化教学改革的各专业教师和实验教师,采用清华大学科教仪器厂生产的 TEC 系列实验平台的师生。

在本书的编写过程中,TEC-XP 实验平台设计者、清华大学王诚团队给予了很大的支持,清华大学科教仪器厂的张改革工程师在 TEC 系列平台硬件设计及架构描述等方面做了大量的工作,编者实验室的杨森同学对基于 TEC 系列的 PC 安装版、PC 网页版等虚拟仿真实验系统的开发做了改进和整合;最后,要感谢我曾经的同学们,是你们给了我编写本书的丰富经验;也要感谢我将来的同学们,是你们给了我编写本书的动力。

由于编者经验有限,加之时间仓促,本书难免存在不足之处,请读者不吝批评指正。

编　者

2023 年 5 月

目 录

CONTENTS

第一部分　移动一体化教学模式

第二部分　实验平台介绍

第四部分　综合设计性实验

移动一体化教学模式

　　"计算机组成原理及实验"是计算机相关专业的核心课程,在整个课程体系中起承前启后的作用,其前导课程是"模拟与数字电路"及其相关实验,后续是"体系结构""单片机""嵌入式系统结构""嵌入式操作系统"及"程序设计"等课程。组成原理理论内容十分抽象,不易学好,所以配套相关实验用来帮助学生理解和掌握计算机整机的内在运行机制。实验的目的是从实际操作的角度验证理论内容,如果理论脱离实验,则学生浮在空中,无法脚踏实地,对计算机组成原理也会一头雾水,基础打不好,更无法进行后续课程的学习。

　　在我院(大连理工大学开发区校区)计算机组成原理实验室共承担"计算机组成原理实验""体系结构实验"及"计算机系统设计开放性"三门实验课程,三门硬件课程由易到难、由浅到深,完成计算机组织结构的相关内容。"计算机组成原理"是大学生建立计算机整机系统概念和学习硬件的枢纽课程。因此,其重要性不仅体现在对学习硬件的学生,对软件工程等专业的学生也尤为重要,可帮助他们认识并掌握计算机系统原理,进而在此基础上提高自己的编程水平,达到知其所以然的程度。

　　在软件工程相关专业中,硬件离不开软件,软件离不开硬件。清华大学"计算机组成原理"课程王诚老师曾指出,该课程不能一味强调硬件,忽视软件,因为硬件是软件的基础,软件是硬件的目的,所以他组织并研发了 TEC 系列计算机组成原理实验箱,其中很多部件实验都融合汇编语言来完成,体现了硬件和软件的协作。

计算机组成原理实验的主要教学目标是:通过实验对计算机系统基本组成原理以及各部件的内部构成和运行机制进行验证,为学生建立计算机整机的概念,为学生继续深入学习计算机硬件知识和在了解硬件原理基础上提高软件编程能力奠定基础。

然而,当今大学生对课堂内容学习兴趣不大已经成为普遍现象。造成这种后果的一个重要的客观原因就是教学方式的吸引力不够大。随着移动设备和技术的普及,不少大学生更愿意用手机或平板电脑等手持移动设备进行学习。因此,为激发学生的学习兴趣、提高教学质量、提升教学效果,从教学、预习、互动、测验考核等几方面,探索与时俱进的教学辅助手段就显得十分重要。

基于这种现状,教学团队从移动设备辅助教学观点出发,建设"计算机组成原理实验"课程微信公众平台,开发基于 TEC-XP 实验平台的多模式虚拟仿真教学系统,以便学生课下进行预习和模拟实验演练,并建设移动教学、仿真系统模拟预习、线上互动与互动论坛、移动测验与考核、成绩自动化结算、学生意见建议留言板一体化平台,对"计算机组成原理实验"课程进行教学改革。在课程建设过程中,充分发挥在学生生活与学习中扮演重要角色的移动设备之作用,激发学生学习兴趣,强化学生学习效果,提高教学质量。

第1章

CHAPTER 1

计算机组成原理实验
微信公众平台

1.1 微信公众号申请及推广

移动一体化教学平台的第一个关键部分就是建设"计算机组成原理实验"微信公众平台，即通过微信平台申请注册一个公众号，将讲课课件、讲课视频以及实验效果视频等相关参考资料，按照平台要求修改处理，并上传至素材管理。在初次上课的时候让所有学生通过搜索或者直接扫描二维码在微信平台中关注"理工软院之计算机组成原理实验"微信公众号（课程二维码如图 1.1 所示，可直接用微信扫描二维码添加课程并获得课程资源），该公众号可以给所有关注者群发演示文稿和实验视频，关注此公众号的所有微信用户都可以免费收到相应的参考资料，并直接借助微信平台的内嵌插件进行播放，无须另装播放程序，真正实现了随时随地预习的新型预习模式，而且新关注用户也不必担心错过之前发布的历史信息，可以根据提示输入相应关键字下载相关的内容。

图 1.1 大连理工大学开发区校区"计算机组成原理实验"课程二维码

课题组建设了基于微信的移动教学一体化平台，其中计算机组成原理实验模块已运行4 年，累计关注人数超过 1800 名，学生可随时、随地进行预习和模拟实验，平台可对学生的整个学习过程进行监督。通过调查反馈，教学效果明显提高。此平台目前成功推广至其他3 门基础实验课（"模拟与数字电路实验""网络综合实验""计算机组装与设置"）和 2 门专业理论课（"面向对象方法与 C++程序设计"和"编译技术"。其中，"面向对象方法与 C++程序设计"课程公众号名称是"程梦起航"，该公众号发挥了整个教学课题组所有成员和助教的团队力量，在上课过程中实时更新课程内容，并在线答疑，备受学生青睐，得到高度好评）。

1.2 课程视频库建设

课题组骨干成员于 2014 年 10 月参加高等教育部组织的慕课培训中详细讲解视频录制方法以及后期如何制作、视频制作软件及其使用方法等，PC 屏幕录制与多角度讲课全景录制并行,为后期制作提供了充足的素材。视频后期制作借助 Camtasia Studio 完成,制作后的视频焦点可以根据实际需要在 PC 屏幕录制的视频和讲课全景视频之间切换,并配有字幕,制作好的视频也可以通过微信公众号推送给广大学生,学生通过移动智能终端可以直接观看学习,以达到更佳的教学效果,制作视频效果如图1.2所示。

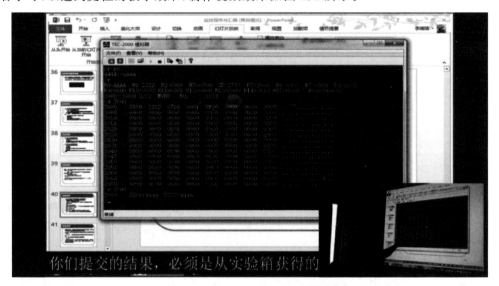

图 1.2 组成原理实验视频库截图

第 2 章

基于 TEC-XP 的虚拟仿真系统

移动一体化教学平台的第二个关键环节是仿真系统,学生在微信公众号进行实验预习之后,接下来就可以通过各种方式的虚拟仿真系统进行模拟实验演练。我们基于清华大学科教仪器厂的 TEC-XP 实验平台(适用于清华大学科技仪器厂的 TEC 系列,因为指令集都一样),开发了基于 Windows 系统的 PC 安装版的仿真系统、支持跨平台的网页版虚拟仿真系统和基于移动设备的指令级虚拟仿真系统。

随着网络和科技的发展进步,全球各大高校都在挑战新的教育模式,并提出“足不出户上大学”的概念,推出 MOOCs 教学模式,而对于实践环节,虚拟仿真就成了完成线上实验的唯一途径。因此,基于 TEC-XP 实验箱的仿真系统是来源于实际的现实教学需求。由于清华大学在全国具有高知名度,因此很多大学的“计算机组成原理实验”课是基于清华大学科教仪器厂 TEC 系列实验箱完成的。TEC-XP 实验箱具有功能齐全、容易上手操作等特点,可以很好地满足教学需要,达到很好的教学效果。然而,在实际的实验教学中,由于专业课程安排和教学方案等方面的原因,软件工程专业的学生其实并没有足够的时间来熟悉使用 TEC-XP 实验箱,甚至对于每一次的硬件实验,都没有足够的预习准备。此外,硬件设备随着使用时间延长难免会有一定的磨损,由此导致的实验失败现象也会影响教学效果。因此,用软件来辅助教学这一方法就进入了我们的视线。

在实验教学过程中出现的实验教学时间有限、学生对于实验相关内容的预习和复习不到位、硬件故障导致的实验失败总难避免等问题,可以通过研究实现虚拟仿真系统有效地解决。

2.1 PC 安装版虚拟仿真系统

针对监控程序与汇编实验、脱机运算器实验、存储器扩展实验、中断实验和 I/O 接口通信实验五个部件实验,开发了相应的客户端,如图 2.1～图 2.4 所示。图 2.1 为客户端指令级虚拟仿真系统界面,图 2.2 为客户端脱机运算器虚拟仿真系统界面,图 2.3 为三级中断嵌套虚拟仿真系统界面,图 2.4 为 I/O 接口通信虚拟仿真系统界面。在具体的部件实验章节中,我们将使用客户端仿真系统展示详细的操作步骤。

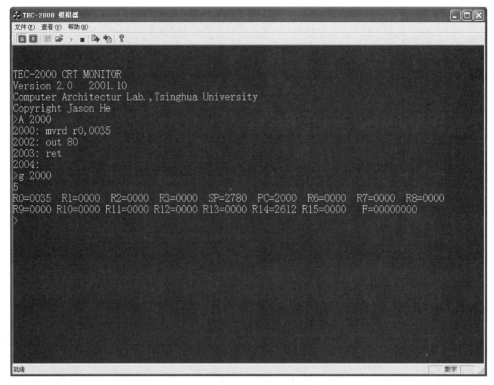

图 2.1　客户端指令级虚拟仿真系统界面

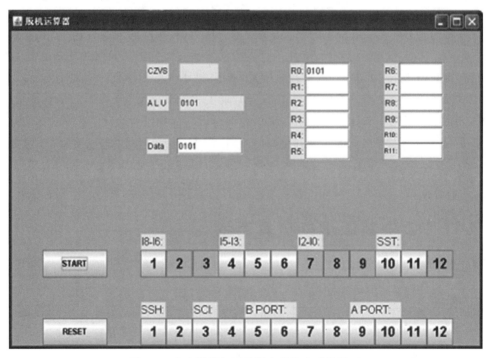

图 2.2　客户端脱机运算器虚拟仿真系统界面

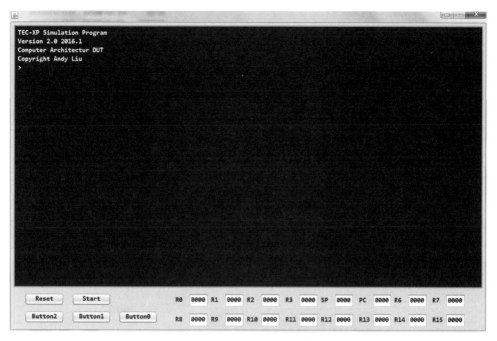

图 2.3　三级中断嵌套虚拟仿真系统界面

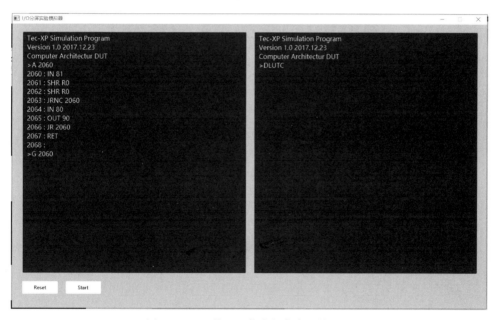

图 2.4　I/O 接口通信虚拟仿真系统界面

2.2　网页版虚拟仿真系统

安装版的虚拟仿真系统只支持 Windows 操作系统,而且存在 32 位和 64 位的差异,因此具有很大的局限性。随着互联网的快速发展,网页版虚拟仿真系统应运而生,网页版只要有浏览器便可使用,因此不再受操作系统平台的限制,而且无须安装,可直接访问。

　　TEC-XP 实验箱的在线汇编仿真系统的核心功能有两部分：汇编仿真系统和在线脱机运算器。在线汇编仿真系统的核心功能就是汇编仿真功能，即使用模拟程序来实现汇编指令的执行。要想通过仿真实现 TEC-XP 实验箱的相关硬件实验功能，必须对 TEC-XP 实验箱的相关功能进行深入的分析。图 2.5 为网页版在线虚拟仿真系统的主界面，图 2.6 为网页版在线脱机运算器虚拟仿真系统界面，图 2.7 为网页版指令级和在线三级中断嵌套虚拟仿真实验界面，图 2.8 为网页版 I/O 接口通信虚拟仿真实验界面。在具体的部件实验章节中，我们将使用网页版仿真系统展示详细的操作步骤。

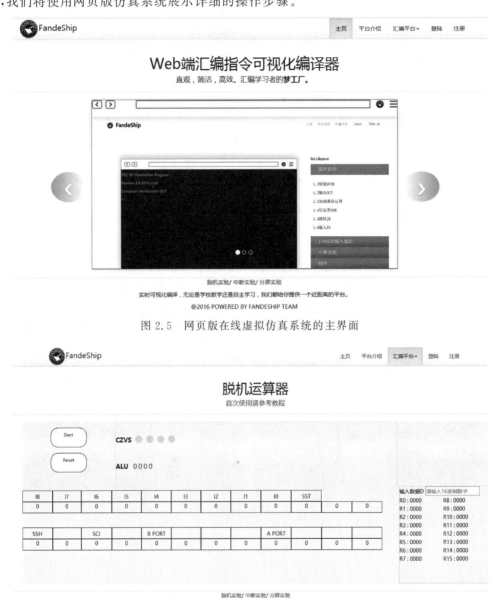

图 2.5　网页版在线虚拟仿真系统的主界面

图 2.6　网页版在线脱机运算器虚拟仿真系统界面

图 2.7 网页版指令级和在线三级中断嵌套虚拟仿真实验界面

图 2.8 网页版 I/O 接口通信虚拟仿真实验界面

2.3 移动版虚拟仿真系统

PC 端的指令级仿真系统必须借助计算机才能使用,灵活性不够,因此我们提出将 PC 端的指令级仿真系统移植到智能终端,在手持设备如此盛行的当下,学生对移动设备的依赖性很高,而且本实验课程的微信公众平台也恰巧基于移动设备,这样学生可以根据需求随时随地通过微信公众号观看视频、PPT 等资料后,可直接通过手机端 App 进行模拟实验演练。安卓版的仿真软件已经发布到 360App 开放平台,可直接通过 360 手机助手搜索"DUT_TEC-XP 仿真系统"或者通过上述课程百度云盘进行下载,云盘中包含 App 的使用说明手册及操作视频。图 2.9 为移动版虚拟仿真系统的操作界面。

图 2.9　移动版虚拟仿真系统的操作界面

第3章
CHAPTER 3

移动一体化辅助教学系统

在传统的考核方式中,实验成绩主要包括预习报告、实验报告、课堂实验操作、课堂记录与表现等,然而预习报告和实验报告存在一定的抄袭现象,实验操作最终完成效果基本一样,基本以完成的快慢和对问题的理解程度来进行评定。统计过程烦琐,内容复杂,完全依靠人工耗时多且不够精准及公平。

随着互联网时代的飞速发展和教育形式的改革,"互联网+"教育给授课的形式和考核的方式提供了新的措施。在传统考核的基础上,借助信息化的教学辅助工具辅助教学监督,实现课前—课中—课后全过程的教学管理和全方位的考核评价,力求对学生的评价准确公平。伴随着大规模在线开放课程的建设期间以及近三年线上开展教学过程中,涌现出来包括学习通、雨课堂、智慧树等一系列的教学辅助工具,结合本课程前期建设的微信公众平台,在移动一体化平台上建设了实验原理讲课、实验操作以及实验效果等相关视频,并设计了组成原理实验题库,设计实现移动学习、测验、互动、考核一体化平台,并实现客观题目分数统计自动化,以及主题讨论环节让师生之间和学生之间加强学习交流,激发学生的学习热情,提高学习效果。

3.1 平台管理端

3.1.1 主界面

本课程使用的是超星学习通教学辅助管理工具,该平台已与学校教务处合作建设了大连理工大学金课建设平台,可以后台通过职工号给每一位老师开通账号,然后进行课程的建设、发布和教学管理。大连理工大学对于在线课程的建设走在全国的前列,图 3.1 为大连理工大学金课建设平台,部署了各位老师前期建设的在线课程资源。图 3.2 是超星的后台管理端,左侧为导航栏,包括平台的所有功能分类,右侧是建设的具体课程。

3.1.2 视频资源建设

进入具体课程后,可以根据课程的结构进行章节的设计,并将提前录制好的课程视频和制作的 PPT 上传至相应章节内供学生课前预习和课后复习。对于实验课程,有时学生无法

图 3.1　大连理工大学金课建设平台

图 3.2　超星后台管理平台主界面

返校,并不了解实际实验操作的具体形式,同时由于我们自主开发的虚拟仿真系统跟实际操作没有做到百分百模拟。因此,我们将实验室的设备、实际操作过程以及实验效果制作成视频,很大程度上还原了实验室场景,让学生在线上也能够深切体会到实验实操的效果。课程章节建设界面如图 3.3 所示。

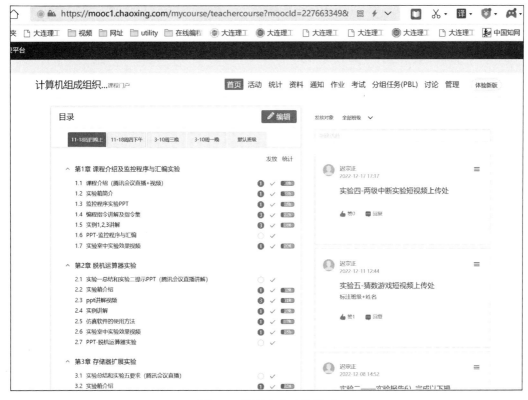

图 3.3　课程章节建设界面

3.1.3　题库建设

进入"资料"模块,可以上传视频、PPT、实验报告以及实验所需的工具至"课程资料"供学生下载使用。同时可以为整门课程或者每个章节设计题库进行考核,如图 3.4 所示。题库可以有单选、多选、判断等客观题,也可以添加填空、简答和程序设计等题型,其中客观题可以实现自动化评分,主观题可采用人工干预的半自动化评分,并具有图形化统计功能,能够帮助教师在了解学生对知识点掌握情况的同时,也适当降低了烦琐的重复工作。题库建设完成后可用于课前的预习,课堂的测验和课后的作业,实现全流程的考核管理。

3.1.4　主题讨论功能

一个常用功能就是主题讨论,针对每堂课,甚至每个关键知识点,设置主题讨论,可以实现师生讨论和学生之间的讨论,学生在讨论的过程中就能实现深刻理解。另外,在线上教学时,可利用主题讨论功能进行实验作业的提交,如图 3.5 所示。学生可以录制自己做实验的步骤及实验操作效果等视频并配解说,通过观看学生提交的视频能够很好地分析出学生对知识点的掌握情况,并进行及时的教学调整。

图 3.4　题库建设界面

图 3.5　主题讨论界面

3.2　平台移动端

3.2.1　教师移动端

在教学过程中,教师和同学都可以使用平台的移动端进行操作。教师上课时可以通过App实现网页投屏讲解,并能够实时将课堂测验,主题讨论等的统计情况投屏与学生进行分享和交流。图3.6是教师移动端与网页实现投屏进行课程讲解的界面,图3.7是教师移动端与网页投屏统计界面。

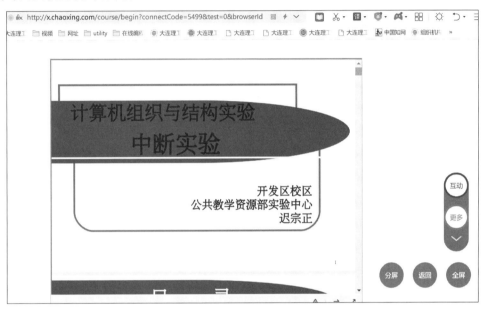

图 3.6　教师移动端与网页投屏课件讲解界面

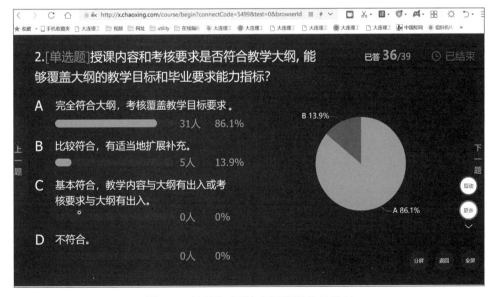

图 3.7　教师移动端与网页投屏统计界面

3.2.2 学生移动端

学生可以通过移动端进行测验答题、主题讨论以及投票等多种功能实现与教师的实时互动。图 3.8 为学生移动端测验、投票、作业等界面功能展示。

图 3.8　学生移动端测验、投票、作业等界面功能

第二部分

实验平台介绍

<table>
<tr><td rowspan="2">

第 4 章

CHAPTER 4
</td><td>

TEC-XP 计算机组成原理与
</td></tr>
<tr><td>

系统结构实验系统
</td></tr>
</table>

　　TEC-XP 计算机组成原理与系统结构实验系统台(简称 TEC-XP 实验箱),由清华大学科教仪器厂和清华大学计算机系王诚教授团队联合研制,已通过教育部主持的鉴定。TEC-XP 实验仪器先后经历了 TEC2000、TEC-XP、TEC-XP＋和 TEC-XPⅡ,大连理工大学软件学院于 2010 年采购了 TEC-XP 组成原理实验平台,其在最初版本的基础上增加了用单片 FPGA 门阵列器件实现的 CPU 系统,变成了一个双 CPU 结构的实验平台,共用数据总线等一些外围部件,后续平台的升级在硬件核心和软件系统上基本变化不大,主要是为了针对仪器器件易损和使用便捷性问题进行的改进。该实验系统重点用于"计算机组成原理"和"计算机系统结构"等课程的硬件教学实验,还支持监控程序、汇编语言程序设计、VHDL(硬件描述语言)等软件方面的教学实验。它的功能设计和实现技术,都紧紧围绕着对课程教学内容的覆盖程度和所能完成的教学实验项目的质量与水平来安排。其突出特点,一是软、硬件基本配置比较完整,能覆盖相关课程主要教学内容,支持的教学实验项目多且水平高,文字与图纸资料相对齐全;二是既有用不同集成度的半导体器件实现的真实"硬件"计算机系统,也有在 PC 上用软件实现的功能完全相同的教学计算机的"软件"模拟系统。

4.1 平台
完整介绍

4.2 平台
组织结构

4.1　TEC-XP 计算机组成原理与系统结构实验箱简介

　　TEC-XP 实验箱是为配合讲授与学习"计算机组成原理""计算机系统结构"等硬件内容为主的课程而研制的,适当兼顾数字电路的某些教学实验要求,要解决的核心问题是它所能提供的知识与课程授课基本内容的吻合程度,教学实验手段,以及实验项目的数目、水平和质量。

　　实验台上配备目前硬件电路设计中常用的 FPGA 可编程芯片,可以完成从最简单的基本逻辑到 16 位模型计算机的设计实验。

4.1.1　TEC-XP 实验箱面板功能介绍

　　TEC-XP 实验箱的俯视图如图 4.1 所示,其中对实验箱上几个比较关键的器件进行了标注,所标注的器件在以后的各个实验环节中将会用到。

　　(1) RESET 复位按键。顾名思义,该按键的主要功能是让整个实验系统复位,能够保证在程序不丢失的前提下,使无限循环的程序停止、复位;在使用 PC 软件 PCEC16.COM

4.3 TEC
系列

与实验箱进行连接的过程中,需要配合 START 按键使用。

图 4.1　TEC-XP 实验箱的俯视图

（2）START 开始按键。其功能之一是配合 RESET 按键完成 PC 和实验箱的连接,进而达到使用 PC 操作实验箱的目的。另外,此按键在脱机运算器实验、微程序控制器实验和硬布线控制器实验的过程中,都可提供时钟节拍。

（3）实验方式选择开关。这 5 个开关置 1(上拨)和置 0(下拨)分别代表不同的含义,在每个开关的上边和下边都有含义的缩写。第 1 个开关置 1(Step)表示程序是单步执行,置 0(Cntnu)表示程序将被连续执行;第 2 个开关置 1(HndIns.)表示指令给出的方式是手动控制信号(微型控制信号开关),置 0(MEMIns.)表示获得指令的方式是通过存储器读取;第 3个开关置 1(ComLog)表示控制器的控制方式是组合逻辑方式,置 0(MicroP.)表示控制器的控制方式是微程序控制方式;第 4 个开关置 1(LinkMachi.)表示联机操作,借用 PC 软件PCEC16.COM,通过 PC 的 COM 口和实验箱的串口相连,操作实验箱,置 0(LeaveMachine)表示脱离 PC 的支持,直接使用实验箱独立完成部分实验。

（4）微型控制信号开关。详见实验箱上两组红色底座的微型拨动开关,其中每一组有12 个,共计 24 个。实际起作用的开关有 23 个,构成了实验系统各部件工作所需要的控制信号,主要用来完成脱机运算器实验,每个微型开关都有对应的指示灯,位于两排开关所处位置的上方,具体开关的控制信号意义将在 7.2.2 节详细阐述。

（5）16 位数据输入开关。这个开关就是实验系统的输入设备,总共 16 位,在表示数据的时候每个开关代表 1 位,也就是 16 位的二进制最终在实验箱中产生 4 位的十六进制。

（6）中断信号产生按钮。这 3 个白色底座黑色按钮的按键用来产生实验箱系统 3 个不同中断信号的中断源,并且 3 个中断源对应不同的优先级,优先级从左到右依次增高,并且对应 3 个不同的中断向量地址,具体将在第 9 章阐述。

（7）监控程序存储芯片。该芯片由两片组成,每片 8 位串行组成 16 位,芯片型号为

HN58c65p-25,是 EEProm 芯片,其中 2000H 单元之前存储已经写好的监控程序,监控程序能够完成实验箱系统的初始化,并支持实验系统的 A、G、R、D、T 等命令。

(8) RAM 存储芯片。芯片型号为 HM6116LP-3,是随机存储芯片,也是两片串行结构,因为 RAM 芯片具有内容断电即失的特点,因此是执行读和写操作的区域,提供给用户编写程序,地址为 2000H~25FFH,工作区安排在 2600H~27FFH。

(9) FPGA 可编程芯片。TEC-XP 是典型的双 CPU 结构的实验箱系统,右边的 CPU 是一个可编程的 FPGA 芯片,通过对芯片进行编程,可以实现左边 CPU 完成的功能,并能够实现更复杂的 CPU 结构,主要为在实验箱上开放设计性实验提供支持。"计算机组成原理实验"课后期实验内容主要通过对 FPGA 芯片进行编程,完成一定的设计性实验内容。

(10) EEPROM 扩展存储芯片。该芯片的型号跟监控程序存储芯片一样,也是 HN58c65p-25,是电可擦除芯片。该存储芯片需要一定的写入周期才能正常写芯片,其写入的内容在断电情况下内容也不丢失,这些将在第 8 章得到证明。

(11) 运算结果指示灯。这几个指示灯显示的内容主要有运算器的总线输出和 4 个标志位 CZVS:C 标志位表示是否进位和借位,进位为 1,借位为 0;Z 标志位表示运算的结果是否为 0;V 标志位表示运算的结果是否有溢出;S 标志位表示运算的结果是否为负数。运算结果指示灯只有在做脱机运算器的时候才可以正确地观察相应的运算结果和标志位变化。

(12) 4 片运算器芯片。TEC-XP 实验箱系统的运算器的芯片型号为 Am2901,每片完成 4 位的运算,4 片级联组成 16 位的运算器芯片。并列的 4 片运算器芯片在实验箱电源打开之后,温度较高,使用时要注意安全。

(13) MACH 控制器芯片。控制器是 CPU 的另一个组成部分,主要使用硬布线和微程序两种方式实现实验系统的指令系统,计算机组成原理前几次实验的执行都依赖 4 片运算器芯片和控制器芯片共同完成。

4.1.2　TEC-XP 实验箱内部结构组成和实现功能

TEC-XP 实验箱硬件、软件系统的组成和实现功能分别如图 4.2 和图 4.3 所示。

软件:汇编语言支持,监控程序
硬件:运算器,控制器(多种实现,如微程序和硬连线控制器,中小规模器件,FPGA 器件),主存储器,总线,接口,输入/输出设备
硬件与电路:逻辑器件和设备

图 4.2　硬件实现的真实计算机系统

软件:汇编语言支持,监控程序(指令)级模拟
教学机模拟:运算器、控制器模拟(微程序级或硬连线控制器级模拟),主存储器模拟,总线、接口模拟,输入/输出设备模拟
运行环境:PC,Windows 系统

图 4.3　软件实现的模拟计算机系统

从图 4.2 可以看到,该计算机硬件系统组成中,功能部件是完整齐备的,运算器、控制器、主存储器、输入/输出设备、计算机总线等配备齐全,还可以接通 PC 仿真终端执行输入/输出操作,同时实现了微程序和硬连线两种方案控制器。从 CPU 的具体设计和实现技术来说,硬件部分既支持用中小集成度器件实现 CPU 的方案,也支持选用高集成度的 FPGA 实现 CPU 的方案,体现了 CPU 系统设计的最新水平。

　　从"计算机组成原理"课程教学实验的角度看，该计算机软件系统组成也是完整的，支持汇编语言（支持基本伪指令功能）和二进制的机器语言，配有自己的监控程序，以及 PC 仿真终端程序等。毫无疑问，全部软件的源程序代码是宝贵的教学参考资料。

　　从图 4.3 可以看到，软件实现的计算机指令级模拟系统，可以使实验人员脱离实际的教学计算机系统，在 PC 上执行教学计算机软件系统的全部功能；微程序和硬连线这一级别的模拟软件，可以通过 PC 屏幕查看教学计算机内部的数据、指令的流动过程，并显示每一步的运行结果，为设计、调试教学计算机新的软件或硬件功能提供重要的辅助作用。

　　控制器（微程序或硬连线方案）辅助设计软件，可以让同学在 PC 上使用该软件直接设计模型计算机的控制器，包括定义指令格式和编码，划分指令执行步骤和每一步的操作功能，确定控制器需要提供的全部控制信号等全部过程，最后自动生成能装入教学计算机硬件系统中实际应用的最终结果文件。接下来还可以选用微程序级的模拟软件系统，或者硬连线控制器级的模拟软件系统，对经过辅助设计软件得到的设计结果进行模拟运行，计算机屏幕上会详细显示每一步的运行结果，可以尽早地发现问题。由于执行上述控制器设计和模拟运行的整个过程都是在 PC 上完成的，脱离实际的教学计算机系统，因此工作更方便，效率更高，对节省学时、帮助同学加深对控制器组成、设计等方面的理解深度也有益处。

4.1.3　软件模拟实现的教学计算机系统

　　将用硬件实现的教学计算机系统的全部功能，通过软件模拟的办法在 PC 上再次实现，是实验平台的主要工作之一。目前，国外一些著名的大学，在"计算机组成原理"课程的教学过程中，多选用软件模拟的方式完成逐项教学实验。其优点是使用方便，变动设计的灵活性强，可以比较容易地对比不同设计方案对计算机执行性能影响的程度；不使用专用硬件设备完成教学实验，实验成本也会比较低。但是，学生学习硬件课程的整个过程，不接触（拥有）自己可以设计与修改的硬件设备，将更多的体会集中到计算机的功能设计部分，难以对线路与逻辑设计部分，以及计算机硬件实现中的工程性、技术性问题有切身体会。如何权衡硬件的教学计算机系统和软件模拟的教学计算机系统在课程教学中的作用，可能是仁者见仁，智者见智，一时难有定论。对此，我们采取的措施是同时实现这两部分内容，并且同时使用在教学过程中，使它们发挥各自不同的作用，通过教学实践来探索更好的解决问题的途径。为了更便于比较，做到更好的资源复用，在设计与实现软件模拟的教学计算机系统的过程中，采取了两项措施：

　　(1) 坚持与硬件实现的教学计算机系统有尽可能高的一致性。为此，模拟软件使用的信息，如监控程序的执行码、微程序控制器的微程序的二进制编码文件等，与硬件教学计算机系统中使用的完全相同，这样辅助设计产生的设计结果，既可以直接用于模拟，也可以直接用于写到硬件教学计算机的部件中，确保二者之间有最好的一致性。

　　(2) 在模拟软件的设计中，比较准确地按照硬件系统的主要功能部件实现模拟，确保硬件实现的与软件模拟实现的系统有良好的对照关系，有望在教学过程中得到更好的教学效果。

　　实现的模拟系统，模拟重点分配到两个层次上。其中一个层次是指令级模拟，模拟的最小单位是一条机器指令，根据得到的指令的具体内容计算出这条指令的执行结果。这个模拟软件的运行对象是机器指令组成的程序，运行结果将显示在计算机的屏幕上。当被运行的程序对象是监控程序时,实际上就是在模拟监控程序的执行过程,可以执行每一个监控命令,与在真实教学计算机上运行监控程序的效果是一样的,此时也可以说是在执行教学计算机系统一级的模拟,可以建立并运行用户的汇编程序。

另一个层次是微体系结构级模拟,模拟的最小单位是一条指令的一个执行步骤,对微程序控制器而言是一条微指令,对硬连线控制器而言是指令的一个节拍。这个模拟软件的运行对象也是机器指令组成的程序,运行结果将显示在计算机的屏幕上,但它有两种不同的运行方式:连续运行和单步运行。在连续运行方式下,在计算机屏幕上见到的运行效果和前一个层次上的运行效果是一样的,只是运行速度要慢得多,因为要模拟计算每一条指令的每一个执行步骤的结果,经过几个模拟步骤才计算出一条指令的运行结果,PC的计算量要大很多。在单步运行方式下,在计算机屏幕上将显示指令的这个执行步骤的有关运行结果,包括指令寄存器的内容,指令所处的执行步骤,地址总线、数据总线、各个累加器的内容,运算器的输出结果和标志位的结果,状态寄存器的内容,控制器全部控制信号的当前状态等完整的信息,主要用于查看、理解、分析计算机内指令执行的翔实过程,这对检查新增加的控制器功能(扩展的新指令的执行过程)的正确性是很有帮助的。

开发模拟软件需要注意选择运行平台。由于已经把 Windows 系统作为仿真终端的运行环境,因此全部软件系统也都统一到这一平台之上。

4.2　TEC-XP 实验箱的技术指标

TEC-XP 实验箱的主要技术指标如下:

(1) 系统配置了两个不同实现方案的 CPU 系统:一个 CPU 沿袭传统的设计思路,与当前主流的教材配套,由中小规模的器件组成;另一个 CPU 参考国外著名大学的设计思路,用大规模的 FPGA 器件设计实现。

(2) 系统的机器字长 16 位,即运算器、主存、数据总线、地址总线都是 16 位。

(3) 指令系统支持多种基本寻址方式。其中一部分指令已实现,用于设计监控程序和用户的常规汇编程序,尚保留多条指令供实验者自己实现。

(4) 系统主存最大寻址空间是 18K(36KB),由基本容量为 8K(16KB)的 ROM 和 2K(4KB)的 RAM 及扩展存储区域组成。另外,本实验箱还可以进一步完成存储器扩展的教学实验。

(5) 系统主时钟脉冲的频率可在几百千赫至 2MHz 之间选择。

(6) 运算器由 4 片位结构器件级联而成,各片间采用串行进位方式传递进位信号。ALU 能够实现 8 种算术与逻辑运算功能,内部包括 16 个双端口读出、单端口写入的通用寄存器和一个能自行移位的乘商寄存器,并且设置了 C(进位)、Z(结果为 0)、V(溢出)和 S(符号位)4 个状态标志位。

(7) 控制器可以采用微程序和硬布线两种控制方案来实现,具体可由实验者自由选择。实验人员可方便地修改已有设计,或加进若干条自己设计与实现的新指令,新老指令可以同时运行。

(8) 实验箱主板上安装有两路 INTEL8251 串行接口:一路出厂时已经实现,可直接连接计算机终端,或接入一台 PC 作为自己的仿真终端;另一路保留学生扩展实现。实验箱选用了 MAX202 倍压线路,以避免使用＋12V 和－12V 电源。

（9）在实验箱主板的右下方,配置了完成中断教学实验的全套线路,可以实现三级中断和中断嵌套。

（10）系统可以单步/连续运行主存储器的指令或程序,也可以通过数据开关手动置入执行一条或若干条的指令。

（11）主板上设置数据开关和微型开关、按键和指示灯,支持最底层的手工操作方式的输入/输出,通过指示灯来显示重要的数据或控制信号的状态,可以完成机器调试和故障诊断。主板上还有支持教学实验用的一定数量的跳线夹。

（12）实验箱硬件系统,全部功能部件分区域划分在大一些的水平放置的一块印制电路板的不同区域,所有器件都用插座插接在印制板上,便于更换器件。

（13）实验计算机使用单一的 5V、最大电流 3A 的直流电源模块,所耗电流为 1.5～2.5A。电源模块安装在水平电路板右上角位置,交流 220V 电源通过电源接线插到机箱后侧板,经保险丝、开关连接到电路板上,开关安放在机箱右侧靠后位置,方便操作且比较安全。

（14）两路的串行接口的接插座安放在机箱后侧板,以方便接线插拔和机箱盖的打开和关闭。

4.3 TEC-XP 实验系统支持的实验项目

4.4 支持
实验项目

本节提到的实验项目,多数是在 TEC-XP 系统中选用中小规模集成度器件实现的教学计算机上可以开设的实验。对于选用 FPGA 芯片实现的 CPU 构建的教学计算机系统中支持的教学实验项目,将在后续章节予以介绍。

该系统支持的实验分为基本实验和综合设计性实验两部分:基本实验是指学习计算机组成原理通常总要完成的实验项目,解决的是学习基本原理和培养基本能力的问题;综合设计性实验则指一些扩展性或难度更大的设计型实验项目。

4.3.1 基本实验项目

1. 基础汇编程序设计学习

使用系统已实现的 29 条指令和监控程序、交叉汇编程序软件,设计与调试由教师布置或自己设想的各种汇编程序。如有可能,可以参照系统提供的交叉汇编程序的源码,学习系统汇编程序(Assembler)的实现原理与设计技术。

2. 运算器部件实验

可以在运算器完全脱开主机控制的方式下,用主板上的微型开关直接控制运算器的方式来使用运算器并观察运算结果;也可以在实验计算机正常运行方式下,用控制器给出实验者所设计的对运算器的控制信号来使用运算器并观察运算结果(此时不需要懂得控制器的运行原理)。

3. 主存储器部件的实验

可进行静态存储器的容量扩展实验,可以对随机存储器和电可擦除存储器的特点进行比较,通过监控命令或自己设计的小程序向存储器写入数据并检查读写的正确性。

4. 控制器部件实验

可以做微程序方案或组合逻辑方案的控制器实验。首先通过听课和操作实验机,理解已实现的控制器的设计原理与实现技术,以单指令方式、单步骤执行方式观察指令的运行结果,以及信息在计算机内产生和传送的时间、空间关系,这是重要的实验内容;其次设计与实现多条自己定义的新指令,并把新老指令放在同一程序中运行,检查结果的正确性。在微程序方案下实现新指令更容易,不用改动任何硬件,按规定办法把有关新指令用到的微程序装入控制存储器即可。在组合逻辑方案中,则要把新指令用到的控制逻辑与原有的基本指令的控制逻辑合并一起,再重新下载到可编程的逻辑器件中,该方案略显复杂,可能需要多次改正错误才能得到最终的正确结果。

5. 串行口输入/输出实验

本机已给出两路串行接口:一路接口的接线完全连接好,系统也已经执行了对接口芯片的初始化,可以直接用于输入输出操作;另一路接口的接线并未全部连通,要求实验人员看懂图纸并完成必要的连线操作和串行口的初始化操作后,方能用程序控制方式完成该串行接口的正常输入/输出操作,例如用两台实验机的这一路串行口完成双机双向通信等实验。可以对该实验提出更高的要求,例如:增加少量硬件线路,实现在中断方式下完成输入/输出操作(需在讲过中断之后进行);观察与测量串行数据的波形,起始位、停止位、串行数据采样时间的配合关系等。

6. 并行口与并行口打印机驱动的实验

可以在教学计算机的主板上设计并搭建诸如 Intel 8255 并行接口与配套逻辑电路,并用程序控制方式和中断方式驱动并行口打印机完成打印操作。在无打印机的情况下,可用并行口在程序控制方式或中断方式下实现两台实验机的双机单向或双机双向通信,或在同一台实验机上实现内存内容“搬移”等实验。这涉及硬件与软件两个方面知识的综合应用。

7. 中断实验

串行口、并行口输入/输出操作中,都可以有中断方式下的输入输出方式,这需要适当地修改监控程序。这里也可以专门做多级中断、优先级排队及中断嵌套的实验。此时可用按钮等作为中断请求信号来源,抛开相应设备入/出以强化中断处理本身的分量。

8. 整机故障定位与排除实验

实验箱主板上有一些跳线夹,用于人为设置机器故障。教师可以通过移走一个或几个跳线夹,或换上有故障的器件,要求学生发现故障,查清故障原因并设法排除。该实验有一定难度,但也是综合应用所学全部知识完成能力训练的非常有效的手段,对提高分析问题与解决问题的能力会有很大帮助。此时需要确保设置的故障不会损坏教学计算机系统的硬件。

4.3.2　扩展及综合性实验项目

TEC-XP 实验箱支持的扩展及综合性实验项目如下:

(1) 故障诊断软件的设计与实现。故障诊断软件的设计与实现可以在机器指令级或微体系结构级进行。机器指令级的诊断程序用以诊断指令与监控程序运行的正确性,这是机器出厂前例行实验的一部分,同时也是实验指导教师把实验机交付学生使用之前判断机器好坏的简便手段,可以让学生试着设计。

微体系结构级的诊断可用来实现实验机的故障诊断，对于透彻掌握实验机的组成与运行机制帮助巨大，但在教学计算机中实现起来有一定的难度。

（2）用一台正确运行的实验机辅助调试另一台实验机。在本实验机的实现过程中，已考虑到这类实验的需求。可以把同一时钟同时提供给两台实验机，使其完全同步运行，比较检查两台实验机内部主要信号、运行状态及结果的一致性，并依此结果判断是否继续给出后续时钟，这样很容易找到待调试计算机的出错位置。与此类似的双机同步运行，也是检查机器可靠性的一条捷径。

（3）实验机的监控程序、交叉汇编程序的修改与扩充功能的实验。

（4）扩充输入/输出接口、设备的实验。

（5）设计与实现一套全新指令系统的 CPU。指令格式可以突破现在规定，寻址方式也可变化，以 16 位字长的一字或多字指令为宜。微指令格式可变，但字长在 56 位以下最方便。运算器也可适当变动，用 Am2901 芯片实现其他型号的运算器功能，或用可编程器件设计一个新的运算器均可行。例如，在这个硬件主板上设计并实现一个全新的 8 位字长的计算机系统，指令格式、寻址方式、监控程序等全部软件有关的内容完全重新设计，运算器、控制器、存储器、总线和接口等硬件也完全重新设计，这是完全可行的，虽然工作量大一些，但是可学内容更丰富。对大部分院校来说，这一步骤可能更合适作为学习过"计算机组成原理"课程之后的一个大的课程设计，甚至作为毕业设计的题目。

（6）使用现场可编程器件（GAL20V8 和 MACH）完成组合逻辑的或者时序逻辑的线路实验，对于在学习本课程之前尚未学习过"数字电路与逻辑设计"课程的学生是必要的。

（7）通过使用第 2 路串行接口和修改监控程序，实现两个用户同时操作同一台教学计算机的多用户系统的功能。

第5章

CHAPTER 5

TEC-XP 实验系统的硬件

系统和软件系统

5.1 TEC-XP 实验系统硬件系统的结构设计

5.1.1 实验系统的硬件组成原理

TEC-XP 教学计算机的硬件系统组成如图 5.1 所示。图 5.1 的左部表示的是选用中小规模器件实现的 CPU 系统,它由独立的运算器、控制器部件组成。图 5.1 的中间部分表示的是内存储器、串行接口线路组成。图 5.1 的右部虚线部分表示的是选用 FPGA 芯片实现的单个芯片的 CPU 系统。这两个 CPU 系统都可以通过数据总线、地址总线和控制总线连

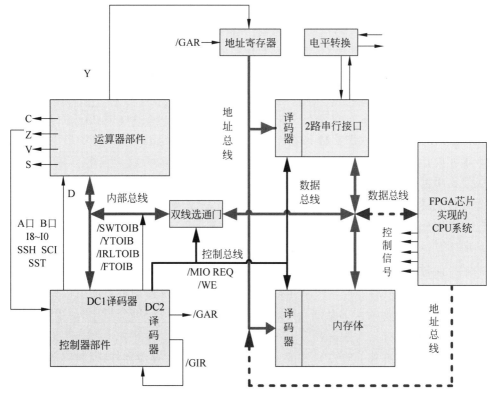

图 5.1 实验系统的硬件系统组成

接内存储器、串行接口线路，从而构成一台完整的计算机硬件系统，安装上必要的软件就可以正常运行，作为"计算机组成原理"课程内容实例和教学实验设备具有很好的典型性。两个CPU系统需要通过分时或者独占的方式使用同一套存储器部件和串行接口线路。由中小规模器件实现的CPU构建的教学计算机系统硬件组成如下。

运算器：运算器中配置了两组独立的8位字长的运算器，它们各自由两片位片结构的运算器器件AM2901组成，另外，还有4位的状态标志寄存器和教学实验所需的相关逻辑部件。全部算术与逻辑运算均在这里完成，还可以完成几种寻址方式的实际地址计算，它们同时也是主要的数据、地址传送的通路。需要特别说明的一点是，堆栈指针SP和控制器中的程序计数器PC都是用这里的几个通用寄存器来实现的，以节省器件与简化实验机的实现。

控制器：分别用微程序方式与硬布线方式两种方案实现，实验者可以方便地选择使用其中任何一种方案，这样能方便地比较两种控制器各自的优缺点。在选用器件时，微程序方案中选用了美国AMD公司的微程序定序器Am2910芯片，保证微程序设计的规范与实用性；控制存储器（简称"控存"）选用只读存储器（ROM）芯片，通过对该ROM的编程写入方式支持动态微程序设计。硬布线方案中，节拍逻辑与时序控制信号形成部件（组合逻辑线路）选用了GAL20V8现场可编程器件和Macro Array CMOS High density（MACH）器件，这对简化控制器的逻辑设计与实现至关重要，也有利于进一步掌握数字系统设计自动化和逻辑模拟的新知识。

存储器：选用静态存储器芯片，系统配置了两路各自有8KB容量的ROM（放监控程序）和2KB容量的RAM（放用户程序和数据）存储区域组成的主存储器。此外，还配置了另外2片存储器芯片的器件插座，可以方便地完成对16位字长的内存储器的容量扩展实验。对ROM存储区可以选用电擦除（28系列）的存储器芯片实现。地址总线采用16位宽度，以便访问较大的主存空间。

输入/输出接口及可接入的输入/输出设备：已配备了一路串行接口，可直接连接计算机终端，或者在仿真终端软件控制下接入PC。这种方式下，通过终端或PC（作为仿真终端）操作教学实验计算机方便直观，为教学实验提供了先进的实验手段。另外，该实验箱主板上还提供了由学生自己通过扩展实验实现另外一路串行接口的全部支持。

作为最底层的输入/输出手段，开关拨数输入、指示灯显示输出的操作方式还是应该有的。这是系统出现严重故障后（如器件失效等），完成故障定位与排除的最后一道防线，对提高学生的实验技能也很有用处。

该系统同时还提供了其他一些输入/输出接口支持。为此，实验机主板上预留了一个40芯的器件插座，并给出了扩展操作可能用到的地址、数据及控制信号的连接插孔，还提供了完成中断教学实验所需要的全部支持选用FPGA芯片实现的单个芯片的CPU系统内部组成，如图5.2所示。

由图5.2中可以看出，该CPU主要由3个部件组成：运算器部件、控制器部件、数据总线部件（用于实现与存储器和I/O接口线路通信）。

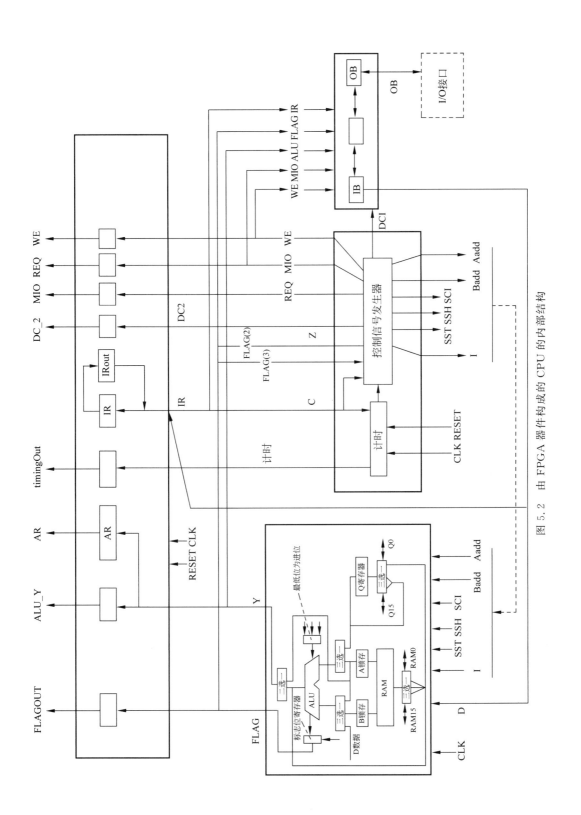

图 5.2 由 FPGA 器件构成的 CPU 的内部结构

CPU与教学计算机已有的存储器部件和串行接口线路的连接方案参照图 5.1。该CPU地址寄存器的输出作为地址总线的内容送到存储器芯片的地址线引脚，用以选择被读写的内存单元，数据总线的内容被送到存储器芯片和串行接口芯片的数据线引脚以提供读写数据。内存储器和 I/O 接口芯片的读写命令也由该 CPU 提供，此时需要确保原来用中小规模器件构建的 CPU 的地址总线和数据总线的输出都处于高阻状态，并且不会产生内存储器和 I/O 接口芯片的读写命令冲突。

5.1.2　硬件系统的具体实现

TEC-XP教学计算机系统采用双 CPU 设计方式：一个由分离元件实现；另一个由单片FPGA 芯片实现。硬件组成线路如图 5.3 所示。下面对图 5.3 中给出的教学计算机硬件系统的具体线路进行说明。

1. 启停线路

启停线路在图 5.3 的最左下角，由一个晶体振荡器、一片 74LS04 器件、一片 74LS161器件和一个启停控制电路组成。晶体振荡器产生一个频率为 1.8432MHz 的振荡波形信号，经 74LS04 器件送到 74LS161 完成同步计数，产生两个 3 分频信号 QA 和 QB，一个 6 分频信号 QC，一个 12 分频信号 QD。主振 1.8432MHz 的脉冲和 QD（频率为 153.6kHz）将送到串行接口 Intel 8251 芯片的 CP、RxC 和/TxC 引脚，用于驱动串行接口正常运行，还要送 QC 脉冲（频率为 307.2kHz）到启停控制电路，用以产生相位不同的两路输出脉冲，作为教学计算机的系统时钟，驱动计算机整机正常运行。启停控制电路是使用 GAL20V8 器件仿真 74LS120 器件的功能，在计算机复位开关信号 RESET、单步/连续运行选择开关信号STEP 和启动按键信号 START 的作用下，执行启动（送出连续脉冲或者送出单个脉冲）或者停止（停止送出脉冲）的操作功能。在这个线路的设计中，一定要确保任何一次手工启停的操作都不会影响启停线路输出脉冲的完整性，它的实现原理和设计结果在教材中有详细说明，此处从略。

2. 运算器部件

教学计算机的运算器部件在图 5.3 的中间偏左，其主体由 4 片 4 位运算器芯片Am2901 级联构成。它输出 16 位的数据运算的结果（通过 Y 显示）和 4 个运算标志位（用Cy、F＝0000、OVER、F15 标志），它的输入（用 D 表示）只能来自于内部总线。确定运算器运算的数据来源、运算功能、结果处置方案，需要使用控制器提供的 I0～I8、B0～B3、A0～A3共 17 个信号。

运算器的输出直接连接到地址寄存器 AR 的输入引脚，用于提供地址总线的信息来源。运算器的输出还经过两个 8 位的 74LS244 器件的控制（使用 DCI 译码器的/YTOIB 信号）被送到内部总线 IB，用于把运算器中的数据或者运算结果写入内存储器或者输入/输出接口芯片。

由于运算器产生的 4 个结果特征位的信息需要保存，因此必须设置一个 4 位的标志寄存器 FLAG，用于保存这 4 位结果特征信息，标志寄存器的输出分别用 C、Z、V、S 表示。控制标志寄存器何时和如何接收送给它的信息，需要使用控制器提供的 SST2～SST0 3 位信号。

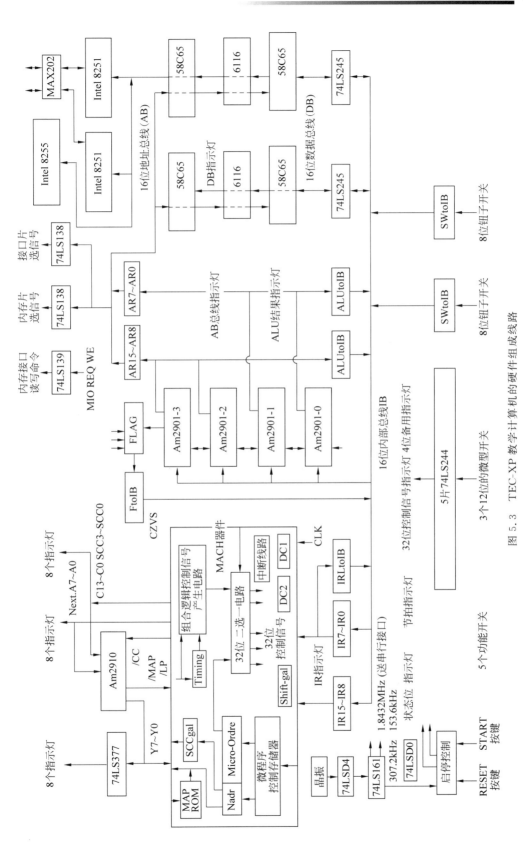

图 5.3 TEC-XP 教学计算机的硬件组成线路

运算器还需要按照指令执行的要求,正确地得到最低位的进位输入信号,最低位和最高位的移位输入信号,为此还需要配置另外一个标示为 SHIFT 的线路,在控制器提供的 SSH、SCI1、SCI0 3 位信号的控制下,产生运算器最低位的进位输入信号,最低位和最高位的移位输入信号。

3. 总线线路

教学计算机的总线系统由数据总线、地址总线、控制总线和内部总线四部分组成。在图 5.3 中使用黑粗线表示。

内部总线:在真正的商用计算机系统中用户是见不到的,在这里,它是数据总线在 CPU 内部的体现,二者通过一个双向的三态门电路 74LS245 相互连接。当 74LS245 器件的 MIO 控制信号为高电平时,74LS245 使内部和外部总线处于断开状态,相互不能传送数据,仅在该控制信号为低电平时,内部和外部总线处于连通状态,可以传送数据。此时,数据的传送方向受 74LS245 的另外一个控制信号 WE 的控制。当该信号为高电平时,数据从内部总线传送到外部总线;该信号为低电平时,数据从外部总线传送到内部总线。在内部总线和外部总线之间设置 74LS245 器件,有利于防止在完成内存储器实验或者接口实验时损坏 CPU 的线路。在译码器 DC1 的译码信号的控制下,内部总线可以从运算器的输出、8 位机器状态字的输出(4 个标志位和 2 位的中断优先级)、中断向量表的起始地址、指令寄存器低 8 位的输出(此时高 8 位可能是符号位扩展信息)、16 位手拨开关输入数据五路信息之中选择其一作为自己的数据来源,也可以在 MIO 和 WE 两位控制信号的控制下,接收从外部数据总线传送来的数据。16 位的内部总线被连接到运算器的数据输入引脚、指令寄存器的输入引脚、机器状态字线路的输入引脚,还有两个 74LS245 器件的 16 个引脚。内部总线上的信息可以被哪一个寄存器或者线路接收,是由 DC2 译码器的译码输出信号控制的,是否被传送到外部总线是由 MIO 和 WE 两个信号决定的。

数据总线:它的一端直接连接着内存储器芯片的和 I/O 接口芯片的数据线引脚,用于完成对这些芯片的读写操作。读操作时,从芯片内读出的数据将被首先放到数据总线上,写操作时,已经出现在数据总线上的数据将被写入到相关的器件中;数据总线的另一端接到两片 74LS 245 器件的 16 个数据线引脚,用于通过内部总线和 CPU 系统进行通信。做输入/输出操作的教学实验或者内存储器的教学实验,往往需要插拔器件和接线,难免出错,设置 245 器件可以有效地防止这里的错误对 CPU 系统的损坏。

地址总线:用于 CPU 系统向内存储器或者 I/O 接口提供地址信息。16 位的内存地址中的最高 3 位被连接到产生内存片选信号的 74LS138 型号的 3-8 译码器,3 位地址输入将产生 8 个片选信号,可以选择 8 组存储器芯片。低 13 位地址被连接到每个内存芯片的地址线引脚,用于选择每个芯片内的 8192(8KB)个存储单元。注意,HM6116LP-3 芯片只有 11 个地址线引脚,它只使用最低的 11 位地址总线,另外的 2 位未被使用。8 位 I/O 端口地址中的高 4 位连接到用于产生 I/O 片选的 74LS138 型号的 3-8 译码器,其中最高一位连接到控制该器件是否译码的引脚,高电平有效,因此有效的 I/O 端口地址的最高位必须为 1。余下的 3 位用作译码输入信号,可以产生 8 个译码输出信号,故系统最多可能支持 8 个 I/O 接口芯片。I/O 端口的最低 4 位用于选择每个接口芯片内的不同寄存器,因此每个接口芯片最多可使用 16 个端口地址。每个串行接口芯片只使用 2 个端口地址,其余 14 个不被使用。

控制总线：用于给出总线周期的类型和一次读、写操作是否结束的信号。在教学计算机中，由于使用的系统时钟频率特别低，一个 CPU 周期一定可以完成 CPU 与内存或者串行接口的读写操作，不必判断读写操作是否完成，只需给出总线周期的类型即可，故 CPU 给出的控制总线的信号由 MIO、REQ 和 WE 组成。

4. 存储器部件

教学计算机的存储器画在图 5.3 的中间偏右，它的存储体部分由容量为 2KB 的 2 片 HM6116LP-3 芯片和容量为 8KB 的 4 片 HN58C65-25 芯片组成。2 片 6116 芯片构成存储器的随机读写存储区，两片 HN58C65-25 芯片构成存储器的只读存储区，另外两片 HN58C65-25 芯片主要用于扩展存储器容量的教学实验。存储器的只读存储区用于存放教学计算机的监控程序，地址从 0H 单元开始，故其片选型号为/CS0，即地址的最高 3 位是 000。这 2 片芯片应处于常读状态，它的/OE 引脚接地。存储器的随机读写存储区用于保存用户读写的数据和作为监控程序的系统工作区，包括系统堆栈和用户堆栈数据。这个存储区的地址从 2000H 开始，其片选信号为/CS1，即地址的最高 3 位是 001。这两个芯片的读写控制信号/MWE 和允许输出信号/OE，由控制总线的信号 MIO、REQ、WE 和主时钟信号 CLK 共同产生。

5. 串行接口线路

教学计算机的串行接口线路画在图 5.3 的最右上角，是选用两片 Intel 8251 芯片实现的，可以支持两路串行输入输出操作。其中第 1 路串行口的 I/O 端口地址确定为 80H 和 81H，其片选信号是产生 I/O 接口芯片片选信号的译码器的译码输出/CS0，第 2 路串行口的 I/O 端口地址可以从剩余的 7 个片选信号中选择。串行接口芯片在一个方向上与主机的数据总线的低 8 位连接，在另一个方向上经电平转换芯片 MAX202 与设备的串行数据线相连接。该芯片要使用两个频率的脉冲信号，分别接到其 CP 引脚和 RxD、TxD 引脚，这两路脉冲是由计数器器件 74LS161 提供的。控制该芯片读操作还是写操作分别由/RD 和/WR 决定。该芯片内有 4 个寄存器，其中有 2 个数据缓冲器分别用于存放输入/输出的数据，另外 2 个寄存器分别用于存放控制命令、接口的运行的状态，到底读写哪两个寄存器，由 I/O 端口的最低位的值决定。当把这位地址接到该芯片的 C/D 引脚，该位地址为 0 时，执行读写输入/输出数据缓冲器，该位为 1 时，读状态寄存器或者写命令寄存器。为此需要把地址总线的最低位接到该芯片的 C/D 引脚，用它来实现上述控制功能。

控制总线的 3 位信号 MIO、REQ、WE 分别用于指明有无存储器或者 I/O 接口读写，是存储器还是 I/O 接口读写，是读操作还是写操作。当这 3 位信号为 000、001、010、011、1×× 时，分别表示内存写、内存读、I/O 写、I/O 读、内存与 I/O 都不读写 5 种不同的操作功能，前 4 种操作体现在总线上就成为 4 种不同的总线周期。双路 2-4 译码器芯片 74LS139 通过译码将产生存储器请求（有存储器读写要求）信号/MMREQ 和 I/O 请求（有 I/O 读写要求）信号/IOREQ，以及内存读命令/MRD、内存写命令/MWE、I/O 读命令/RD、I/O 写命令/WR。还需要注意，产生内存片选信号的译码器，仅在有存储器请求时才应该执行译码操作，故该芯片的译码控制引脚（低电平有效）与信号/MMREQ 连接。同理，产生 I/O 片选信号的译码器，仅在有 I/O 请求时才应该执行译码操作，故该芯片的译码控制引脚（低电平有效）与信号/IOREQ 连接。

6. 控制器部件

教学计算机支持微程序的控制器和组合逻辑的控制器,构成比较复杂。

组合逻辑的控制器在图 5.3 的下部居中的位置,主要由程序计数器 PC(选用运算器内的一个通用累加器实现,图中未明显表示)、指令寄存器 IR、节拍发生器 Timing 和时序控制信号产生部件 MACH435(或 MACH5)芯片等组成。微程序的控制器画在图 5.3 的最左下方,主要由程序计数器 PC(选用运算器内的一个通用累加器实现,图中未明显表示)、指令寄存器 IR、48 位控制存储器(由 16 位的微指令下地址字段 CM1、CM0,和在 MACH 器件内部实现的 32 位微命令的字段组成)、48 位微指令寄存器(8 位下地址寄存器、8 位保存 CI3~CI0 及 SCC3~SCC0 的寄存器,设置在 MACH 器件内部的存放 32 位微命令的寄存器,在图 5.3 中未明显表示)、微指令的下地址逻辑线路(Am2910 芯片、MAPROM 芯片、SCC GAL 芯片)等组成。

(1) 微程序控制器和组合逻辑控制器的线路组成。组合逻辑控制器中 SSH 为 1 位,对 ALU 最低位的进位输入信号和最高、最低位的移位信号由 SSH、SCI1 和 SCI0 3 位编码控制,扩展指令用 MACH 器件实现。

微程序控制器的线路组成与运行控制方案中微指令字长为 48 位。控制存储器字长为 48 位,其中的 32 位移到了 MACH 器件内部。微指令寄存器都由 48 位构成,其中有 16 位使用 2 片 8 位的寄存器芯片实现,另外的 32 位移到了 MACH 器件内部。两种控制器的这 32 位微命令都由 MACH 器件提供,与硬布线控制器的 32 位时序控制信号的二选一功能也移到了 MACH 器件内部完成。为了可以更方便地修改控制存储器的内容,选用了带有自锁功能的器件插座插接控制存储器芯片,使取下或者插上芯片的操作更安全和容易。

(2) 由于微指令字长为 48 位,因此微指令寄存器可以只使用 6 片 8 位的寄存器芯片实现,在具体实现方案中,把其中的 32 位移到了 MACH 器件内部现实。

(3) 48 位字长的微指令被划分为 3 个 16 位的字段,最高 16 位的字段是微指令的下地址字段的内容,由 8 位微指令转移地址、4 位 Am2901 芯片的控制码、4 位微指令转移条件编码共同组成,只供微程序控制器使用。中间和最低的两个 16 位的字段被设计成硬连线控制器,以便简化在 MACH 器件内部对两种控制器所使用的控制信号选择其一的控制逻辑。

MACH 器件内部功能实现如图 5.4 所示。

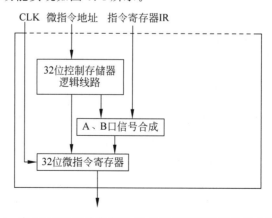

图 5.4　在 MACH 芯片内实现 32 位控制存储器和微指令寄存器

5.2　TEC-XP 实验系统软件系统的结构设计

5.2.1　TEC-XP 系统的监控程序

1. 监控程序的功能

教学计算机的监控程序是用教学计算机的汇编语言实现的,运行在教学计算机的硬件系统之上。它的主要功能是支持 PC 仿真终端接入教学计算机系统,使用这样的设备执行输入/输出操作,运行教学计算机的有关程序,以更方便、直观的形式支持教学计算机上的各项实验功能,提供教学计算机汇编语言的可用子程序。在当前的实现中,它被固化在0000H～0A2FH 主存 ROM 区。在将来的实现中,新增加的部分将被固化在 0A30H～1FFFH 的主存 ROM 区。

教学计算机被正常设置并加电启动后,首先内存 0000H 地址开始启动监控程序,使监控程序进入运行状态,此后方可从键盘输入监控程序的命令并使其执行。

监控程序提供类似 DOS 系统下 Debug 程序的功能,支持 A、U、G、P、T、R、D 和 E 共 8个监控命令。监控命令的格式是单字母的命令名后按 Enter 键,或命令名后跟一个地址参数或寄存器名参数。当命令名后可以跟地址参数但被省略时,即给出命令名后直接按Enter 键,监控程序会从内存指定单元取一个默认的地址参数值,通常是在系统初始化时设置的,或者是该命令前一次运行后所生成的一个地址。从 PC 向教学计算机送入地址、指令、数值时,均用不多于 4 位的十六进制数字输入与显示,各条命令的功能和具体用法简介如下。

命令名与它的参数之间也可以有一个空格字符,这个空格字符可有可无,用户可按自己的日常习惯随意处理。

1) 单条汇编命令 A

格式:A [adr]

这里的 adr 表示 A 命令的地址参数,用 [ ] 将 adr 括起来,表示此处的 adr 为任选项,可有可无,无此参数时,系统将取默认值 2000H。该规则亦适用于下述对各命令的说明。

功能:完成单条语句的汇编操作,把产生出来的教学计算机的指令代码放入对应的内存单元中。命令名后的地址将是存放头一条汇编语句的指令码的内存单元地址,每条语句汇编完成之后,系统将相应修改地址值,以便正确处理下一条汇编语句。

在应该输入汇编语句时,如果不给出汇编语句而直接按 Enter 键,则结束 A 命令的运行过程。

若汇编中发现语法错误,则用"^"指明出错位置后请求重新输入正确的语句。

单条汇编功能并不很完善,如不支持语句标号、不能使用伪指令等。遇到这些问题,要求使用者直接使用直接地址和数据的取值。这样处理的目的是简化监控程序的设计与实现。

2) 反汇编命令 U

格式:U [adr]

功能:每次从指定的(或默认的)地址反汇编 15 条指令,并将结果显示在终端屏幕上。反汇编完成之后,已将该命令的默认地址修改好。接下来再输入不带参数的 U 命令,保证接着上一次反汇编过的最后一条语句继续反汇编。

注意,教学计算机中并不保存用 A 命令输入的汇编语句的源码,内存中保留的是经过汇编后得到的机器码指令,在需要检查输入的汇编语言程序时,需要通过 U 命令对保存在内存中的指令码程序进行反汇编,重新得到汇编语言程序并显示在显示器屏幕上。

通常情况下,在一项操作过程中,第一次运行的 U 命令需要给出地址参数,接下来的操作,只需要给出 U 命令名即可,不必给出地址参数,以保证连续的命令之间正确的衔接关系。

3) 执行用户程序命令 G

格式：G[adr]

功能：从指定的(或默认的)地址运行一个用户程序。为了使程序执行后能正确地返回监控程序,要求每个程序的最后一条指令一定为 RET 指令,以便通过该指令从堆栈中取得监控程序为运行用户程序而产生并保存的一个断点地址。

每次执行后均显示所有通用寄存器和状态寄存器的内容,并反汇编出下一条将要执行的指令。

4) 单指令执行程序命令 P 和 T

格式：P[adr]

T[adr]

功能：从指定地址(或 PC 中的当前地址)开始以单条指令方式执行用户程序。通常情况下,每执行一次 P 或 T 命令将只执行一条指令。P 和 T 命令的区别：T 总是执行单条指令；而执行 P 命令时,则把每一个 CALL 语句连同被调用的子程序一次执行完成,其目的是在调试一些较大规模的程序时,如果子程序已经正确,重点调试的是主调用程序,则在遇到每个子程序调用语句时,CALL 语句连同被调用的子程序一次运行完成,避免反反复复地以单指令方式运行已经证明是正确的子程序的每一个语句。由于 P 和 T 命令是通过在程序中设置断点来实现的,而在 ROM 区不支持写入断点内容,故不能用它们执行固化在 ROM 区中的监控程序或其他用户程序。

每次执行后均显示所有通用寄存器和状态寄存器的内容,并反汇编出下一条将要执行的指令。

通常情况下,在一项操作过程中,第一次运行的 P 或 T 命令是要给出地址参数,接下来的操作,只需要给出 P 或 T 命令名即可,不必给出地址参数,以保证连续的命令之间正确的衔接关系。

5) 显示/修改寄存器内容的命令 R

格式：R[reg]

reg 为一个寄存器名(R0～R15),是任选参数。

功能：当 R 命令不带寄存器名参数时,显示全部寄存器和状态寄存器的值,并反汇编当前 PC 所指向的一条指令,其中状态的显示格式为"F=8 位二进制数",其各位的值分别对应于 C、Z、V、S、P1、P0(中断优先级)的值,最后 2 位是 00。

R 命令带有寄存器名参数,表示要执行修改一个寄存器内容的操作,首先显示出该寄存器的现有值,若要修改这个值,则输入新值并按 Enter 键,如不输入新的值则直接按 Enter 键,该寄存器的内容将保持不变。

6) 显示存储器内容命令 D

格式：D[adr]

功能：从指定（或默认）地址开始显示内存 120 个存储字的内容。

显示的格式：最左一列 4 位十六进制数是本行中第一个字的内存地址；接下来的 8 列是 4 位十六进制数的 8 个连续内存字的内容；最右一列是每个字节所对应的 ASCII 字符。当其值不为可显示字符的 ASCII 码值时，用一个"."字符标记。

连续的 D 命令，保证所显示内容前后正确的连续关系，即每次执行 D 命令之后，会将默认的地址值加 120。TEC-XP 机通常采用字地址方式按字读写内存。

D 命令执行过程中，可以用键盘上的 Esc 键终止其显示过程。按其他键将会暂停显示过程，再次按任意键则继续显示剩余内容。

7）修改存储器内容命令 E

格式：E［adr］

功能：从指定（或默认）地址逐字显示每个内存字的内容，并等待用户输入一个新的数值存回原内存单元。若用户未输入新值就按了空格键，则该内存单元内容保持不变。若在输入新值后按空格键，则新值将被写入原内存单元。空格键用于连续修改一片内存区的内容，故接下来显示下一个内存单元的内容并等待修改。按 Enter 键，则会结束 E 命令的执行过程，若按 Enter 键前输入一个新值，相应内存单元的内容也将被修改。

监控程序中还提供了用于通过串行接口接收和发送一段信息的子程序，但较少使用，这里不再讲解。

2．监控程序的结构

监控程序开始的部分，是通过汇编伪指令定义的程序中所用的常量名及其取值，例如，回车字符名为 CR，其值为十六进制的 0DH，横向跳格字符名为 TAB，其值为十六进制的 09H，空格字符和横向跳格字符组成一个字，命名为 UBLK，其值为 ' ' * 256＋TAB，这是一个表达式，计算方法是空格字符的编码乘十进制的 256，再加 TAB 键的编码，得到的值为十六进制的 2009H，即空格字符在一个字的高位字节，横向跳格字符在低位字节，两个字符存储在一个内存字中，用作向屏幕输出两个字符的子程序的运行参数。

监控程序还定义了若干存储器单元的地址。例如，定义 RSADR 和 RSLEN 分别为 2600H 和 2601H，用于存储通过串行口向外传送的信息所在的内存区开始地址和字符数量（缓冲区长度）。串行接口的 I/O 端口地址 80H、81H，也是在这里定义的。

定义 MAPREG 为 260EH，是 17 个字的一片内存存储区的起始地址，这个存储区用于存放运算器的 16 个通用寄存器的内容和程序状态字的内容。

用伪指令 ORG 0000H 指明该程序的起始地址为十六进制的 0000H。程序的主体部分，是由程序的全部执行语句组成的执行体。程序的执行语句安排在 0000H～087DH 的 ROM 存储区。程序最后的伪指令 END 指明程序的结束。

程序中处于最后一个执行语句和伪指令 END 之间的部分，即从 087EH～0A2FH 的部分是监控程序的数据区，用于存放：

（1）监控命令名和相关处理子程序的入口地址，用于判断从键盘打入的监控命令的正确性，并调用相关处理子程序来执行该监控命令的功能。

（2）汇编语句名和与之对应的指令操作码，寄存器名和与之对应的寄存器编号，用于在汇编和反汇编处理过程中，解决它们之间相互对应的翻译问题。

（3）监控程序软件版权提示字符串，即为进行必要提示使用的字符串，如单条语句汇编出错提示、非法监控命令提示等。

　　程序的汇编清单列表文件后给出汇编过程中用到的汇编符号表,包括用伪指令定义的全部常量、变量,缓冲区地址和程序中的全部语句标号。

　　在阅读、学习该监控程序的时候,有必要懂得如下几项内容:

　　(1) 监控程序是最简单的操作系统的雏形,在教学计算机中被保存在 ROM 存储区。在监控程序运行过程中,需要使用可以执行读、写操作的工作区,这个工作区必须被分配在存储器的 RAM 区域。教学计算机的 RAM 区域由 2048 个字组成,地址范围是 2000H～27FFH。在当前的版本中,这个工作区被安排在 2600H～27FFH 的区域,因此用户可用的 RAM 区的范围为 2000H～25FFH,即 RAM 区最高的一些单元是系统保留区,用户不能破坏它。

　　(2) RAM 存储区中的系统保留区有几个作用和使用方法。保存 A、U、D、E 这 4 个命令的默认地址参数,系统启动时,赋值为 2000H,即 RAM 存储区的起始地址。在使用这几个命令的过程中,系统会随时按照运行情况改变它们的值,保证不带参数的连续的同一个命令之间正确的输出信息的接续关系。

　　(3) 输入监控命令、汇编语句、一个整数值时用到的缓冲区。

　　(4) 教学计算机有两种运行方式,即监控程序运行方式和用户程序运行方式,类似于操作系统中的系统(管)态和用户态。监控程序本身是一个由等待输入监控命令和执行监控命令两个步骤构成的连续反复执行、永不停顿的运行过程,它要求有自己的现场信息,包括 16 个累加器的内容(含 PC 和 SP)、程序状态字的内容,它需要保持独立,不受用户程序的干扰。同样,用户程序也是一个独立运行的实体,同样要求有自己的现场信息,包括 16 个累加器的内容(含 PC 和 SP)、程序状态字的内容,它需要保持独立,不应该受监控程序的干扰。这里就存在一个运行监控程序和运行用户程序之间正确的衔接和配合关系的问题,简单地说,就是从运行用户程序切换到运行监控程序之前,必须把用户程序的现场信息保存到内存中指定的区域,在下轮再次进入用户程序时,必须从内存中指定的区域恢复用户程序的现场信息,以确保在单指令方式下运行用户程序时,指令和所用数据等的正确的衔接关系。这个指定的内存区域就是由 MAPREG 给出的 17 个存储字单元。与此相联系的还有运行监控程序使用系统堆栈(初值 27FEH)和运行用户程序使用用户堆栈(初值 2780H)。

　　(5) 分配几个存储器单元,在系统运行用户程序的时刻,用于保存监控程序的断点地址和断点指令,这在单指令方式下运行用户程序的过程中非常有用。处理非顺序执行的指令(条件或无条件相对转移指令,子程序调用与返回指令,长跳转指令)时会涉及某些特殊办法。

　　监控程序由一个主程序和大量的子程序组成。主程序部分很短,由 0000H～0072H 的一小段程序组成,主要功能是读监控命令名并找到对应的处理子程序的入口地址,并通过调用子程序完成对监控命令的处理过程,处理结束后返回到等待接收下一个监控命令的状态。监控程序的主程序执行流程如图 5.5 所示。

　　在处理运行用户程序的命令(G、T、P)时,将涉及暂停运行监控程序从而设置监控程序的一个断点并保存到用户堆栈中,以及切换程序现场信息从而进入用户程序的运行过程等问题,这时需要采取特殊的处理办法,确保用户程序结束后,能正确地返回监控程序的断点,为此,用户程序的最后一个语句必须是子程序返回指令 RET,以确保可以从堆栈中得到监

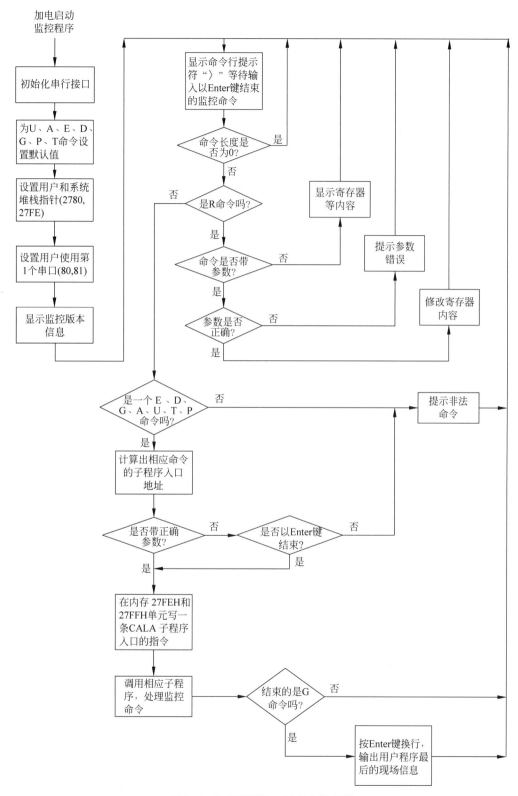

图 5.5　监控程序的主程序执行流程

控程序的断点地址。

目前已经实现了监控命令的典型子程序的执行流程图，以及输入一个监控命令行、输入一个整数值等公用子程序的执行流程图，通过寄存器名称查找寄存器编号、通过指令名称查找指令操作码子程序的执行流程图；下面还将对监控程序中用到的其他多个更基本的子程序进行必要的说明。因此可以说，读者完全有能力正确掌握这个监控程序的全部内容，并在需要的情况下，适当修改它以便实现自己设计的新的补充功能。

适当了解该监控程序的设计技术，可以更好地学习教学计算机硬件系统的内容，深入理解指令的功能和使用方法，从硬、软件相结合的角度加深对教学内容的理解，都会有很大帮助。

3. 执行监控命令子程序

下面介绍的执行监控命令的子程序包括 D、E、U、A、G、T、P 和 R 共 8 个，简单说明之后，给出这几个子程序的执行流程框图。实现 D 和 E 命令的子程序有某些类似之处，实现 U 和 A 命令的子程序有某些类似之处，实现 G、T 和 P 命令的子程序有某些类似之处，R 命令与上述命令的处理方法有一些差别，因此，把 8 个命令分成 4 组来说明是合适的。

1) D 命令和 E 命令

D 命令：显示一片内存区的内容。

D 命令后若跟内存地址参数，则该值已在 R15 中，否则把 D 命令默认用的内存地址值从 DADR 单元读到 R15。D 命令的基本功能是显示以 R15 为首地址的 128 个内存单元的内容。D 命令的执行流程如图 5.6(a)所示。实现的具体格式，第一列是 4 位十六进制的内存地址，接下来的是用十六进制表示的 8 个内存字的内容，最右部分是每个字高、低位字节内容的字符编码表示，当一个字节中的编码不是可显示字符时，将其显示为"."字符。在显示过程中，可以按 Esc 键立即结束显示，或按其他键暂停显示，再按非 Esc 键将继续显示。

E 命令：修改一片内存区的内容。

E 命令后若跟内存地址参数，则该值已在 R15 中，否则把 E 命令默认用的内存地址值从 EADR 单元读到 R15。E 命令的基本功能是依次显示以 R15 为首地址的每一个内存单元的内容并等待输入，可以用输入一个新的数值修改相应内存单元中的内容，若用空格符结束数值输入，意味着接着显示并修改下一个内存单元的内容，若用回车符结束数值输入，则在完成修改后就结束 E 命令的执行过程。E 命令的执行流程如图 5.6(b)所示。在等待输入数值时，直接按空格键或 Enter 键，相应内存单元的内容将保持不变。

2) U 命令和 A 命令

U 命令：反汇编 15 条机器指令。

U 命令若跟地址参数，则该地址已在 R15 中，否则将 U 命令用的默认地址从 UADR 单元读入 R15。U 命令的功能是反汇编 15 条机器指令，即把一条机器指令代码翻译成对应的汇编语句的格式，结果显示在计算机终端（或 PC 及仿真终端）的屏幕上，其执行流程如图 5.7 所示。

实现 U 命令处理功能的子程序虽然较长，但实现原理并不难理解。例如，遇到的指令是二进制的 0000000000101001，按照指令格式和编码的具体规定，指令的最高 8 位是操作码，查指令汇总表，00000000 是加法指令，汇编语句名为 ADD，加法指令的最低 8 位是两个寄存器的编码，其中高 4 位是目的寄存器 DR 的编号，0010 为 R2，低 4 位是源寄存器 SR 的编号，1001 是 R9。按指令格式规定，两个寄存器之间要有一个逗号，因此，对 0000000000101001 指

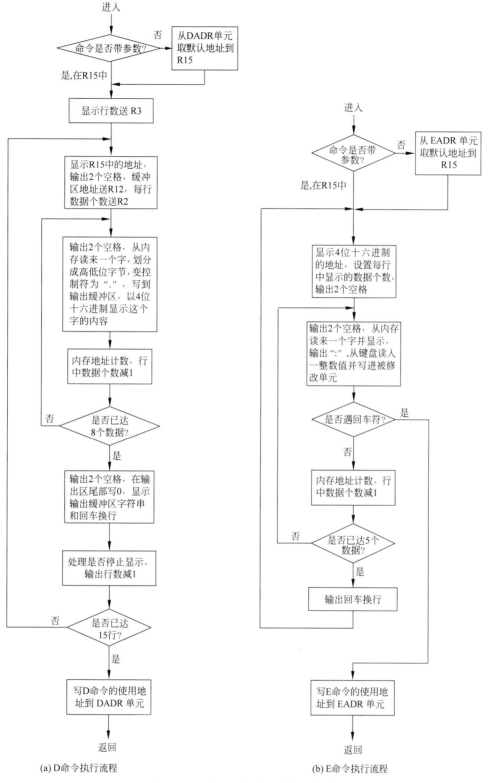

(a) D命令执行流程   (b) E命令执行流程

图 5.6　D 命令和 E 命令的执行流程

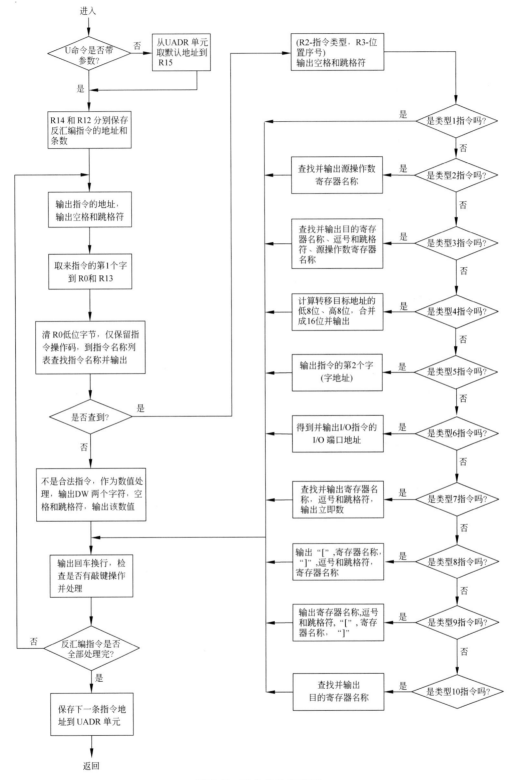

图 5.7　U 命令执行流程

令反汇编的结果是 ADD R2,R9。这一结果在显示器屏幕上更具体的格式为

指令地址 指令字1 指令字2 汇编语句

其中,指令地址、指令字 1、指令字 2(可以没有)都用 4 位十六进制数值表示,反汇编语句要满足对汇编语句的格式要求。4 项内容之间用两个空格作为符号间距。假如上述指令被保存在内存的 2000H 单元中,则反汇编的结果和格式为

2000 0029 ADD R2, R9 (单字指令,无指令字 2)

如果把对上述特例的处理过程更加一般化来展开讨论,结论如下:

每条机器指令 8 位的操作码,直接对应一个汇编语句名称(最多 4 个字母),可以保存在一张表格中,用于从指令操作码查出汇编语句名(反汇编过程使用),或从汇编语句名查出指令操作码(汇编过程使用)。

每条机器指令第 1 个字的低 8 位和第 2 个指令字(如果有的话)是指令的操作数地址字段。第 1 个指令字的低 8 位可以是 1 个或 2 个 4 位的寄存器编码,一个 8 位的 I/O 端口地址,或相对转移指令的变址偏移量 offset;第 2 个指令字可以是一个立即数,一个直接地址,或长转移指令的变址偏移量 offset。它们的有无和含义,取决于指令的操作码,换句话说,知道了指令的操作码,就清楚了怎样去看待与处理操作数地址字段的内容。这里有一个寄存器编码和寄存器名称的对应问题,例如 4 位二进制 0000B 代表 R0,也需要建立一张对应表,用于从 4 位编码查出寄存器名(反汇编过程使用)或转换寄存器名为 4 位编码(汇编过程使用)。其他情况下的操作数地址字段内容通常被理解为 8 位或者 16 位的整数数值使用,不存在类型变换问题。唯一例外的是,相对转移指令与对应的汇编语句之间有一个地址计算过程,例如,在 2005H(十六进制,下同)内存单元有一条编码值为 0100 0001 1111 1100 的指令,反汇编操作时,查得该指令是无条件相对转移,汇编语句名为 JR,低 8 位的 1111 1100 是 offset,是补码形式的−4,按计算公式(当前指令地址＋1＋offset 是转移的目标地址),转移地址为 2002,最终的反汇编结果是 JR 2002。注意,8 位的补码与 16 位的正的数值(同补码表示)相加时,8 位补码的符号位要扩展到高 8 位上的每一位。

A 命令:单条指令汇编。

A 命令若跟地址参数,则该地址已在 R15 中,否则将 A 命令用的默认地址从 AADR 单元读入 R15。A 命令的执行流程如图 5.8 所示。

A 命令把用户从键盘输入到教学计算机中的一个汇编语句翻译成对应的机器指令编码,这里说的单条指令汇编,是指对每一个汇编语句可以直接完成汇编操作,与其他汇编语句不存在彼此之间的制约或协调关系,因此,在这种方式下的汇编不能支持汇编伪指令和语句标号,是属于实用的汇编程序的一个最基本功能的子集,实现的只是在汇编语句与机器指令之间的翻译功能。

实现单条指令汇编的原理:如果对 ADD R2,R9 语句执行汇编,得到的第 1 个符号(标识符)是 ADD,查汇编语句名和指令操作码的表格,ADD 对应的指令操作码为十六进制的 00,接下来跳过空格后得到的第 2 个符号(标识符)为 R2,是目的操作寄存器名称,查寄存器名称和寄存器编码的表格,R2 的编码是十六进制的 2,在跳过逗号后得到的第 3 个符号(标识符)为 R9,是源操作寄存器名称,得到的寄存器编码为十六进制的 9,最后遇到的是回车符,表明对该语句的汇编翻译工作已经结束,故得到的最终机器指令码为十六进制的

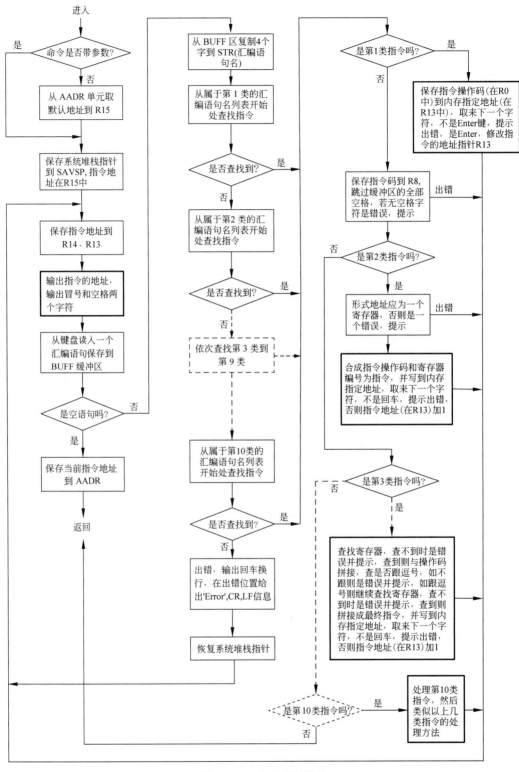

图 5.8　A 命令执行流程

0029,即二进制的0000000000101001,接着还要把该机器指令写到一个内存单元中,对一个汇编语句的汇编操作全部完成。同理,如果遇到的是汇编语句JR 2002,并需要把汇编结果(机器指令)保存到内存的2005H单元,则查得指令的操作码为十六进制的41,指令中的offset是通过转移目标地址(2002H)减本指令地址(2005H)再减1得到,是−4,即8位的补码FC,故汇编的最终结果(指令码)为十六进制41FCH。

在教学计算机系统中,交叉汇编程序支持某些伪指令的功能,也支持使用语句标号给出一条指令的地址,这对设计较长的程序是非常必要的功能,此时需要通过扫描两遍整个用户汇编源程序的方式来完成汇编操作的全过程,产生由机器指令码组成的目标程序,还可以按照用户的要求,产生汇编清单文件和汇编符号表。

3) G命令、T命令和P命令

G命令若跟地址参数,则将该地址值写入内存映射区中对应PC的存储单元中。G命令的功能是启动并运行一个用户程序,其执行流程如图5.9所示。

理解这个子程序执行过程,需要清楚如下概念:监控程序和用户程序两个运行环境的切换和衔接,在教学计算机中分为监控程序运行方式和用户程序运行方式,都要求有自己的现场信息,包括16个累加器的内容(含PC和SP)、程序状态字的内容,需要保持独立,彼此不受另一个运行方式(程序)的干扰。注意,监控程序是一个不断读入监控命令,再调用对应的子程序实现监控命令处理功能的重复过程,程序处在一个封闭运行的环境之中。怎样才能让用户程序投入运行过程,用户程序运行结束后,又如何再次正确地恢复监控程序的运行过程,需要在对应G命令的子程序中加以解决,就存在一个在运行监控程序和运行用户程序之间正确地切换和相互配合的问题。简单地说,就是切换到用户程序时,必须首先保存监控程序的堆栈指针和监控程序的断点,再把用户程序的现场信息从内存中指定的区域(由MAPREG给出的17个存储字单元)恢复出来,才能进入用户程序的运行过程。在用户程序结束后,必须返回监控程序的断点,恢复系统堆栈指针,还要把用户程序的现场信息保存到内存中指定的区域(由MAPREG给出的17个存储字单元),以便在下一轮恢复运行该用户程序时,可以从内存的这一指定的区域恢复程序的现场信息。与此相联系的还有,各自要使用自己的堆栈,就要有自己的堆栈指针,运行监控程序使用系统堆栈(初值27FEH)和用户程序使用用户堆栈(初值2780H)。例如,用户程序结束后,需要恢复系统堆栈指针。

在G命令中的具体实现办法:在做好全部准备后,通过这个子程序中的一条LDRR R5,[R14]指令(该指令在内存的021AH单元),把用户程序的起始地址写入程序计数器

图5.9 G命令执行流程

PC(请注意,用户不能在自己的程序中用类似的办法修改 PC 的内容),则下面将直接进入用户程序的运行过程,监控程序自然停止自己的运行,事实上,已经完成了两个程序的切换。可以认为,监控程序是在要执行 021BH 单元中的指令时被打断的,则 021BH 就是监控程序的断点。

为了确保用户程序结束后可以回到监控程序的断点以恢复监控程序的运行过程,在让用户程序进入运行过程之前所做的准备工作包括把 021BH 这个断点地址(语句标号为RETMON)写进用户的堆栈中;如果再强行规定用户程序的最后一个汇编语句只能是RET(子程序返回指令),则执行该 RET 指令时,将把已经保存在堆栈中的监控程序的断点地址恢复到 PC 中,接下来运行的将是监控程序的后续指令。在保存好用户程序的现场信息后,实现 G 命令的这个子程序结束自己的运行过程。

T 命令、P 命令:以单条指令方式运行用户程序。

T 命令、P 命令若跟地址参数,则将该地址写入映射区对应 PC 的存储单元。两个命令的功能都是执行用户程序的一条指令,区别在于,T 命令总是执行单条指令,而 P 命令把CALA 指令和它调用的子程序作为一条指令来执行。T 命令执行流程如图 5.10 所示。

显而易见,执行 T 命令比执行 G 命令复杂。执行 G 命令时,用户程序作为一个整体,仅一次与监控程序进行切换;执行 T 命令时,每运行用户程序的一条指令,就需要与监控程序进行一次切换过程,运行用户的一个程序要通过连续很多次执行 T 命令才能完成,这就带来了两个需要解决的问题。

首先,正确保护好用户程序的现场信息至关重要。只有保护好用户程序的现场信息,用户程序的指令才能正确衔接,并用正确的数据完成运算功能。其次,执行用户程序的一条指令后,下一条指令的地址肯定送入了 PC(硬件本身的功能),但是如何返回监控程序断点的问题却没有解决,在处理 G 命令中使用过的(通过在用户程序的最后一个语句使用子程序返回指令 RET)解决方案在这里是行不通的。特别是当程序中的指令不是顺序执行而是要依据某个条件改变指令的执行顺序时,处理更复杂。这些都要在监控程序中加以解决,即在执行用户程序的一条指令的前后,监控程序都必须做一点事情:在执行前,要修改用户程序以便暂时加进返回监控的指令;执行之后,要恢复用户程序中被修改过的几条指令(图 5.10)。

在执行用户程序的一条指令之前,完成的是依据 PC 中的地址值,读出用户程序的将要执行的一条指令,再按指令操作码分成如下 3 种情况:

(1) 肯定非顺序执行的指令(CALA、JMPA 和 JR),其中的 CALA、JMPA 指令的后续执行的指令地址在本指令的第 2 个字中,可将其保存进 R15 中;JR 指令的后续执行的指令地址可以使用本指令的 OFFSET 字段的内容通过计算得到,然后保存进 R15 中。

(2) 肯定是顺序执行的指令(非 RET、JR、CALA、JMPA 和条件相对转移 JRcnd),其后续指令地址已经在 R15 中。

(3) 条件相对转移指令(JRC、JRNC、JRZ 和 JRNZ),它的后续指令地址有两种可能,取决于所依据的条件成立(转移执行)还是不成立(顺序执行),顺序执行时,其后续指令地址已经在 R15 中,和情况(1)相同;转移执行时,后续执行的指令地址可以使用本指令的OFFSET 字段的值,通过计算得到,然后保存进 R15 中,和情况(2)相同。

问题在于如何处理最后一种情况。因为在用户程序的那条指令执行之前,监控程序无

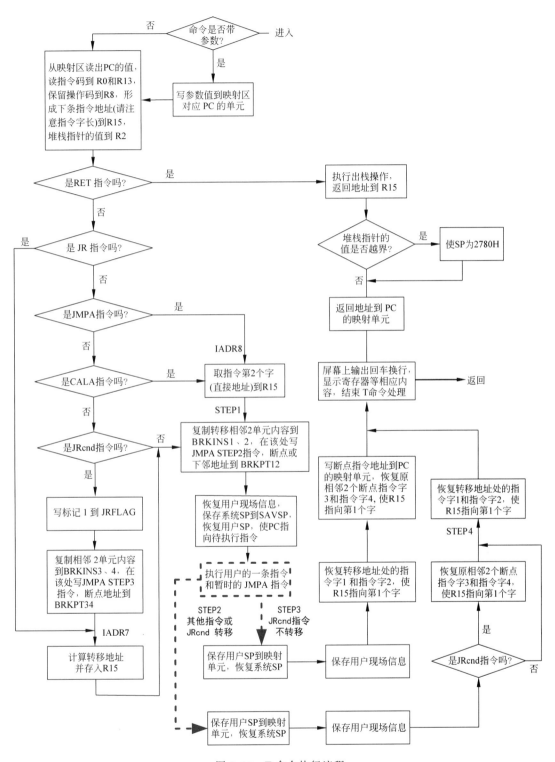

图 5.10　T 命令执行流程

法确定二者(转移或者不转移)中哪一个是正确的后续指令,因此只能做好两手准备,以便应对用户程序的那条指令执行之后可能出现的任何一种情形,如图 5.10 中粗虚线方框和下面的两条粗虚线所示。这意味着,用户程序的那条指令的执行结果,将决定返回监控程序的哪一条指令。为此,不得不将可能涉及的用户程序的后续指令暂时修改一下,把原来的指令先保存到内存的一个缓冲区,而代之替换上一条 JMPA 指令,这个跳转指令的转移地址,是由不同的用户指令来决定的,由它来决定返回到监控程序的哪一条指令,这些是图 5.10 左部(图中粗线方框之前)的程序实现的功能。执行用户程序的一条指令,通过把该指令的地址直接传送到 PC 来实现,接下来将执行暂时安排的那条 JMPA 指令,实现返回到监控程序的不同程序段的入口,以便可以执行稍有不同的后续处理功能,包括保存用户程序的现场信息,恢复被暂时安排的 JMPA 指令替代掉的用户程序中的原有指令,这是由图 5.10 中粗线方框下面和右面部分的多个程序段实现的功能。注意,G、P、T 命令执行的最后的一项功能,是在屏幕上显示用户程序的现场信息,包括 16 个通用寄存器(含 PC 和 SP)的内容、程序状态字的内容和下一条将要执行的指令的反汇编结果,即不带参数的 R 命令实现的功能。

P 命令与 T 命令的唯一区别是 P 命令会把 CALA 指令连同它调用的子程序作为单条指令一次执行完,为此,不必单独分析和处理 CALA 指令,将其作为通常的顺序执行的指令对待就可以了,在图 5.10 中去掉判别 CALA 指令的部分即可。

4) R 命令

R 命令带参数(寄存器名)时,要修改一个寄存器的内容;不带参数时,显示 16 个通用寄存器、程序状态字、下一条将要执行指令的反汇编结果等信息。不仅 R 命令要调用这个子程序,在 G、P、T 命令结束运行前,也要通过运行(不是子程序调用方式)这个程序段显示用户程序或者一条指令的执行结果。这个子程序的功能和实现算法相对简单,监控的源程序中又加了详细的注释,在此不再多加说明。R 命令与使用到的两个子程序的执行流程如图 5.11 所示。

5.2.2 TEC-XP 系统的 PC 终端程序

PCEC 是用 PC 的汇编语言编制而成的,它可把 PC 作为教学计算机的终端完成数据的输入及显示,更重要的是它能实现 PC 与教学计算机之间的文件传送,支持交叉汇编程序的使用。PCEC 还具有复制屏幕的功能。

1. PCEC 的运行过程

在 PC 上输入程序名 PCEC8(16 位机为 PCEC16)并按 Enter 键,按程序的提示分别选择连接教学计算机的 PC 仿真终端的串行接口号(1 或 2)和通信参数。

程序中默认的通信参数是:波特率 9600,8 位字长,无奇偶校验和 1 位停止位。没有特殊要求时一般不需修改这些参数。PC 作为教学计算机的终端,可以执行教学计算机监控程序的各种命令。

2. 文件传送过程

PC 作为教学计算机的控制台时,按 F10 键,显示菜单如下:

0——Return to CRT Monitor

1——Send a file to TEC-2

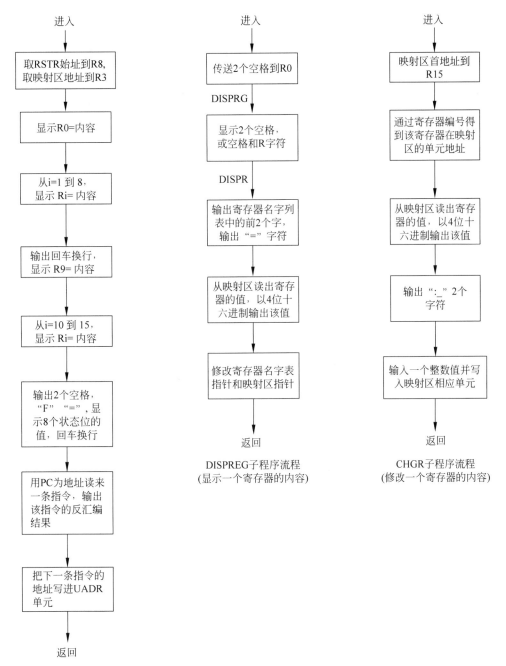

图 5.11 R 命令与子程序的执行流程

2——Receive a file from TEC-2

3——Return to IBM-PC MSDOS

选择 0,不执行任何操作,直接返回教学计算机的监控状态。

选择 1,将执行往教学计算机发送文件,即把指定的文件从磁盘中取出,通过串行口传送给教学计算机并存储于该机的主存中。要求:被发送的文件一定是经交叉汇编程序 ASEC8(16 位机为 ASEC16)汇编后生成的类型为.COD 的文件,该文件包含有由 ORG 定义的程序或数据的首地址和文件长度,传送时以此地址作为目的地址,目标地址指向的主存应为 RAM 区,文件长度控制传送过程的结束。

选择 2,将执行从教学计算机接收文件,并作为文件存于 PC 的磁盘中。选择 2 之后,首先输入 PC 中将用的文件名,可以把教学计算机主存中某一区域中的数据传送给 PC。要求:在执行文件传送之前,必须先用监控命令 E 在教学计算机主存 27CFH、27CEH 单元输入被传数据在教学计算机内存区的起始地址的高 8 位和低 8 位,在 27CDH、27CCH 单元输入被传数据字节长度的高 8 位和低 8 位。

选择 3,退出通信程序,返回 PC 的操作系统。

3. PCEC 的复制屏幕功能

按 Shift+F10 键之后,屏幕上显示的所有信息均存储于 SCR. TMP 文件中,直到再次按 Shift+F10 键或退出 PCEC。可用于打印屏幕内容。

第三部分

PART 3

基础性实验

第 6 章 监控程序与汇编语言

CHAPTER 6

程序设计实验

6.1 实验目的

（1）了解教学计算机监控程序的功能、监控命令的用法，会正确操作和运行教学计算机。

（2）了解教学计算机的指令格式、指令编码、寻址方式和每一条指令的功能。

（3）了解汇编语言语句与机器指令之间的对应关系，学习用汇编语言设计程序的过程和方法。

6.1 实验一讲解

6.2 实验目的

6.2 实验设备与相关知识

6.2.1 实验设备

（1）硬件平台：TEC-XP 实验系统。

（2）软件平台：PCEC16.com。

（3）虚拟仿真平台：PC 安装版虚拟仿真系统；网页版虚拟仿真系统；移动版指令级虚拟仿真系统。

6.3 相关部件介绍

6.2.2 指令格式

TEC-XP 教学计算机实现了 29 条基本指令（如表 6.1 所示），用于编写教学计算机的监控程序和支持简单的汇编语言程序设计。同时保留了 19 条扩展指令（如表 6.2 所示），供学生在教学实验中完成对这些指令的设计与调试。

6.4 汇编指令介绍

运算器芯片中有 16 个通用寄存器（累加器）R0～R15。其中，R4 用作 16 位的堆栈指针 SP；R5 用作 16 位的程序计数器 PC；其余寄存器用作通用寄存器，即多数双操作数指令和单操作数指令中的 DR、SR。

教学计算机的指令格式支持单字和双字指令，第 1 个指令字的高 8 位是指令操作码字段，低 8 位和双字指令的第 2 个指令字是操作数、地址字段，分别有 3 种用法，如表 6.3 所示。

表 6.1   基本指令表

指令格式	汇编语句	操作数个数	CZVS	指令类型	功 能 说 明
00000000 DRSR	ADD DR,SR	2	****		DR←DR＋SR
00000001 DRSR	SUB DR,SR	2	****		DR←DR－SR
00000010 DRSR	AND DR,SR	2	****		DR←DR and SR
00000011 DRSR	CMP DR,SR	2	****		DR－SR
00000100 DRSR	XOR DR,SR	2	****		DR←DR xor SR
00000101 DRSR	TEST DR,SR	2	****		DR and SR
00000110 DRSR	OR DR,SR	2	****		DR←DR or SR
00000111 DRSR	MVRR DR,SR	2	••••		DR←SR
00001000 DR0000	DEC DR	1	****	A组指令	DR←DR－1
00001001 DR0000	INC DR	1	****		DR←DR＋1
00001010 DR0000	SHL DR	1	***•		DR,C←DR＊2
00001011 DR0000	SHR DR	1	***•		DR,C←DR/2
01000001 OFFSET	JR OFFSET	1	••••		无条件跳转
01000100 OFFSET	JRC OFFSET	1	••••		C＝1 时跳转
01000101 OFFSET	JRNC OFFSET	1	••••		C＝0 时跳转
01000110 OFFSET	JRZ OFFSET	1	••••		Z＝1 时跳转
01000111 OFFSET	JRNZ OFFSET	1	••••		Z＝0 时跳转
10000000 0000000 ADR(16 位)	JMPA ADR	1	••••		无条件跳到 ADR
10000001 DRSR	LDRR DR,[SR]	2	••••		DR←[SR]
10000010 I/O PORT	IN I/O PORT	1	••••		R0←[I/O PORT]
10000011 DRSR	STRR [DR],SR	2	••••		[DR]←SR
10000100 00000000	PSHF	0	••••	B组指令	FLAG 入栈
10000101 0000SR	PUSH SR	1	••••		SR 入栈
10000110 I/O PORT	OUT I/O PORT	1	••••		[I/O PORT]←R0
10000111 DR0000	POP DR	1	••••		DR←出栈
10001000 DR0000	MVRD DR,DATA	2	••••		DR←DATA
10001100 00000000	POPF	0	••••		FLAG←出栈
10001111 00000000	RET	0	••••		子程序返回
11001110 00000000	CALA ADR	1	••••	D组指令	调用首地址在 ADR 的子程序

注：表中 CZVS 一列，＊表示对应状态位在该指令执行后会被重置；•表示对应状态位在该指令执行后不会被修改。

表 6.2　扩展指令表

指令格式	汇编语句	操作数个数	CZVS	指令类型	功 能 说 明
00100000 DRSR	ADC DR,SR	2	****		DR←DR＋SR＋C
00100001 DRSR	SBB DR,SR	2	****		DR←DR－SR－C
00101010 DR0000	RCL DR	1	*···		DR←DR 带进位 C 循环右移
00101011 DR0000	RCR DR	1	*···		DR←DR 带进位 C 循环左移
00101100 DR0000	ASR DR	1	*···		DR←DR 算术右移
00101101 DR0000	NOT DR	1	****	A 组指令	DR←/DR
01100000 0000SR	JMPR SR	1	····		跳转到 SR 指明的地址
01100100 OFFSET	JRS OFFSET	1	····		S＝1 时跳转
01100101 OFFSET	JRNS OFFSET	1	····		S＝0 时跳转
01101100 00000000	CLC	0	0···		C＝0
01101101 00000000	STC	0	1···		C＝1
01101110 00000000	EI	0	····		开中断
01101111 00000000	DI	0	····		关中断
11100000 0000SR	CALR SR	1	····		调用 SR 指明的子程序
11100100 DR0000	LDRA DR,[ADR]	2	····		DR←[ADR]
11100101 DRSR ADR(16 位)	LDRX DR,OFFSET[SR]	2	····	C 组指令	DR←[DATA＋SR]
11100110 DRSR ADR(16 位)	STRX DR,OFFSET[SR]	2	····		[DATA＋SR]←SR
11100111 0000SR	STRA [ADR],SR	1	····		[ADR]←SR
11101111 00000000	IRET	0	····	D 组指令	中断返回

注：表中 CZVS 一列，* 表示对应状态位在该指令执行后会被重置；· 表示对应状态位在该指令执行后不会被修改。

表 6.3　指令格式

操作码	DR	SR
	I/O 端口地址/相对偏移量	
	立即数/直接内存地址/变址偏移量	

这 8 位指令操作码(记作"IR15～IR8")的含义如下：

(1) IR15、IR14 用于区分指令组：0X 表示 A 组，10 表示 B 组，11 表示 C、D 组；C、D 组的区分还要用 IR11，IR11＝0 为 C 组，IR11＝1 为 D 组。

(2) IR13 用于区分基本指令和扩展指令：基本指令该位为 0，扩展指令该位为 1。

(3) IR12 用于简化控制器实现，其值恒为 0。

(4) IR11～IR8 用于区分同一指令组中的不同指令。

6.2.3　TEC-XP 实验系统指令分类

教学计算机的指令可按不同的分类标准进行分类。

（1）从指令长度区分，有单字指令和双字指令。

（2）从操作数的个数区分，有三操作数指令、双操作数指令、单操作数指令和无操作数指令。

（3）从使用的寻址方式区分，有寄存器寻址、寄存器间址、立即数寻址、直接地址、相对寻址等多种基本寻址方式。

（4）从指令功能区分，有算术和逻辑运算类指令、读写内存类指令、输入/输出类指令、转移指令、子程序调用和返回类指令，以及传送、移位、置进位标志和清进位标志等指令。

（5）按照指令的功能和它们的执行步骤，可以把该机的指令划分为如下 4 组。在后面几节中给出的指令流程框图、指令流程表都是以此为标准进行指令划分的。

A 组：基本指令 ADD、SUB、AND、OR、XOR、CMP、TEST、MVRR、DEC、INC、SHL、SHR、JR、JRC、JRNC、JRZ、JRNZ；扩展指令 ADC、SBB、RCL、RCR、ASR、NOT、CLC、STC、EI、DI、JRS、JRNS、JMPR。

B 组：基本指令 JMPA、LDRR、STRR、PUSH、POP、PUSHF、POPF、MVRD、IN、OUT、RET。

C 组：扩展指令 CALR、LDRA、STRA、LDRX、STRX。

D 组：基本指令 CALA；扩展指令 IRET。

A 组指令完成的是通用寄存器之间的数据运算或传送，在取指之后可一步完成。

B 组指令完成的是一次内存或 I/O 读、写操作，在取指之后可两步完成，第一步把要使用的地址传送到地址寄存器 ARH、ARL 中，第二步执行内存或 I/O 读、写操作。

C 组指令在取指之后可三步完成，其中 CALR 指令在用两步读写内存之后，第三步执行寄存器之间的数据传送；而其他指令在第一步置地址寄存器 ARH、ARL，第二步读内存（即取地址操作数）、计算内存地址、置地址寄存器 ARH、ARL，第三步读、写内存。

D 组指令完成的是两次读、写内存操作，在取指周期之后可分为四步完成。

6.3 实验内容和步骤

6.3.1 实验箱 TEC-XP 通电启动步骤

图 4.1 给出的实验方式的选择开关指出，使用左边 MACH 芯片完成的实验都需要首先设置 TEC-XP 的实验方式，在本实验中需要设置的 5 个开关的状态应该为（下、下、上、上、下，即 00110），需要特别注意这一点。

1. 通电启动步骤

具体的实验箱联机步骤如下：

（1）准备一台串行接口运行正常的 PC。

（2）打开实验箱的盖子，观察实验箱右侧的红色开关和实验箱面板上的指示灯状态，确定电源处于断开状态。

（3）将电源线一端接 220V 交流电源；另一端接 TEC-XP 实验箱的电源插座。

（4）取出串口通信线，将通信线的 9 芯插头接 TEC-XP 实验箱后板上左侧位置（串口 1）的串口插座，另一端接 PC 的串口。

（5）将 TEC-XP 实验系统左下方的 5 个黑色的功能控制开关置于 00110 的位置（连续、

内存读指令、组合逻辑控制器、联机、16 位),开关拨向上方表示"1",拨向下方表示"0"。

(6)接通电源(开关在实验箱右侧),TEC-XP 实验箱面板部分电源指示灯亮。

(7)在 PC 上运行 PCEC16.EXE 文件,根据使用的 PC 的串口情况选"1"或"2",其他设置一般不用改动,直接按 Enter 键即可。

(8)按一下 RESET 键(图 4.1),再按一下 START 按键(图 4.1),PC 屏幕上显示(此处如果没有出现下面的提示内容,则重复两个操作:先按 RESET 键,再按 START 键;按 PC 上的 Enter 键):

```
TH - union CRT MONITOR
Version 2.0 2001.10
Computer Architecture Lab., Tsinghua University
Programmed by Jason He
>
```

以上版权信息显示出来之后,表示教学计算机已经进入正常运行状态,等待输入监控命令。

2. 实验注意事项

(1)连接电源线和通信线前,TEC-XP 实验系统的电源开关一定要处于断开状态,否则可能损坏教学计算机系统的或 PC 的串行接口电路。

(2)5 个黑色控制开关,自左向右,分别控制如下。

向上拨:单步 手工拨指令 组合逻辑 联机   8 位

向下拨:连续 读内存指令 微程序   脱机   16 位

几种常用的工作方式(开关向上拨表示为"1",向下拨表示为"0")如表 6.4 所示。

表 6.4 常见的 TEC-XP 的工作方式

工 作 方 式	功能开关状态
连续运行程序、组合逻辑控制器、联机、16 位机	00110
连续运行程序、微程序控制器、联机、16 位机	00010
单步、手拨指令、组合逻辑控制器、联机、16 位机	11110
单步、手拨指令、微程序控制器、联机、16 位机	11010
单步、脱机运算器实验、16 位机	10000

(3)关闭教学计算机系统。在需要关闭教学计算机系统时,应首先通过安装在机箱右侧板上的开关关闭交流电源,教学计算机上的全部指示灯都会熄灭(在需要时,还可以拔掉交流电源连线,断开教学计算机和 PC 的串行接口连线)。最后,收拾好实验设备并盖好机箱的箱盖。

6.3.2 运行 PC 联机程序 PCEC16.COM 的操作步骤

(1)在 PC 上建一个文件夹"TH-union 计原 16"(若原来已有,则不必重建)。

(2)将 PCEC16 程序文件内容复制到在用户硬盘中刚建的文件夹里。

(3)双击 PCEC16.COM 图标,出现如图 6.1 所示的界面。

(4)选择使用的 PC 的串口(系统默认选择串口 1),按 Enter 键后出现如图 6.2 所示的界面。

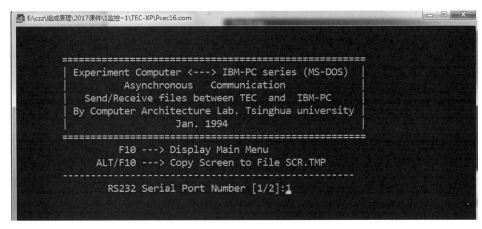

图 6.1　联机程序的初始界面

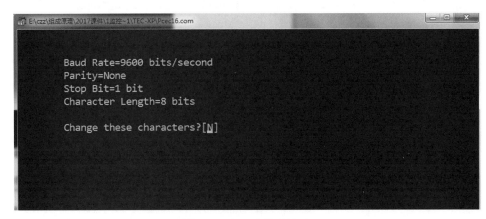

图 6.2　串口选择后界面

（5）图 6.2 中是系统设定的一些传输参数，建议用户不要改动，直接按 Enter 键。然后按 RESET 键，再按 START 键，出现如图 6.3 所示的界面。

（6）TEC-XP 实验系统启动，进入正常运行状态。

软件操作注意事项：

6.5 监控
命令介绍

① 用户在选择串口时，选定的是 PC 的串口 1 或串口 2，而不是实验台的串口。

② 如果在运行到第（5）步时没有出现应该出现的界面，则需要检查是不是打开了两个 PCEC16 的窗口，若是，则关掉其中一个再试。

③ 若 TEC-XP 系统不能与 PC 通信，则重启 PCEC16 软件或重启 PC 再试。

（7）常用监控命令操作方法（R、D、E、A、G、U）。

6.6 R 命令

① R 命令：可以理解为 Register 的首字母，用来查询和修改寄存器内容，当 R 命令不带参数时，显示全部寄存器和状态寄存器的值，如图 6.4 所示，需要注意 R4 和 R5 两个寄存器的用途。当 R 带参数时，表示要修改对应寄存器的内容，如图 6.5 所示。

② D 命令：可以理解为 Display 的首字母，功能是从指定地址（不带参数时默认查询 2000H）开始显示内存连续 120 个内存单元的内容，如图 6.6 所示。

6.7 D 命令

注：连续使用不带参数的 D 命令时，将从上一次查询的最后一个内存单元之后继续查询下一组内存单元数据。

图 6.3　系统联机成功界面

图 6.4　R 命令不带参数

图 6.5　R 命令带参数

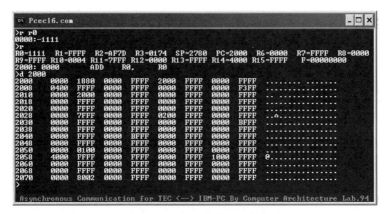

图 6.6　D 命令

③ E 命令：可以理解为 Edit 的首字母，功能是从指定（默认 2000H）地址逐字显示每个内存单元的内容，并等待用户输入一个新的数值存回原内存单元，按空格键继续修改下一个内存单元，按 Enter 键结束修改，如图 6.7 所示。

6.8 E 命令

图 6.7　E 命令

④ A 命令-1：可以理解为 Assembly 的首字母，完成指令汇编操作，把产生的指令代码以机器码的形式存入对应的内存单元，可连续输入，如图 6.8 所示。不输入指令直接按 Enter 键，则结束 A 命令，再次回到大于号的命令行状态下。

6.9 A 命令
功能 1

图 6.8　A 命令编写程序

⑤ G 命令：可以理解为 Go 的首字母，执行汇编程序的命令，默认执行地址 2000H 的程序，直到碰到 RET 指令结束，然后展示出程序执行后的所有寄存器内容，如图 6.9 所示。

6.10 G命令

图 6.9　G 命令

⑥ A 命令-2：修改汇编程序的功能，A 命令直接跟在需要修改的汇编指令所在的地址，然后在对应地址处编写正确的汇编指令。由于指令的长度不统一，因此后续程序是否重新编写取决于修改前后的指令长度是否一致，如图 6.10 所示，在图 6.8 所示程序的基础上修改内存单元 2003H 的内容为 ADD R1,R0，并重新执行修改后的程序如图 6.11 所示。

6.11 A命令
和 U 命令
功能 1

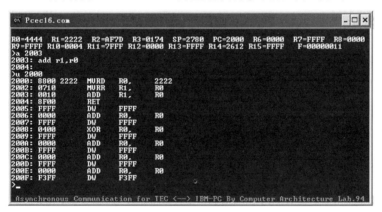

图 6.10　A 命令修改程序

图 6.11　G 命令执行修改后的程序

⑦ U 命令：可以理解为 Unassembly 的首字母，其功能为将内存单元的机器码反汇编成由指令助记符组成的汇编程序，如图 6.12 所示的是图 6.10 修改后的完整程序。

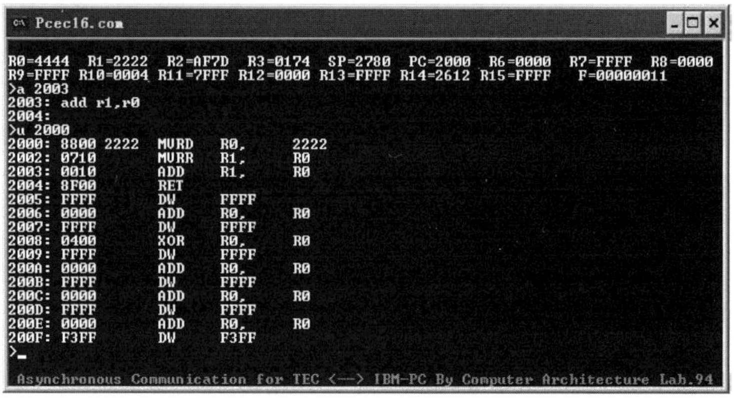

图 6.12　U 命令反汇编

6.3.3　实验内容

实验内容主要分为两部分：一是介绍软件 PCEC16.COM 中的各种监控命令功能的使用方法；二是给出一定的实验实例。其中，在实验操作中使用到的监控命令主要有 A 命令、E 命令、D 命令、R 命令、G 命令、T 命令和 U 命令等。A 命令后跟存储器地址，用来在该地址起始后的内存中编写汇编程序；E 命令用来直接修改存储器的内容；D 命令用来查看存储器内容的命令；R 命令用来查看和修改实验系统寄存器内容的；G 命令用来执行已经写好的汇编程序；T 命令用于单步执行汇编程序；U 命令用来反汇编程序，就是将存储在存储器中的内容用指令助记符表示。

1. 体验监控程序的功能，学习使用监控命令操作和运行教学计算机

（1）用 A 命令建立用户的源程序，用 U 命令对刚建立的用户程序执行反汇编，分别用 G、T、P 三个命令运行已建立的用户程序，查看不同的运行效果。

在 PC 屏幕上显示数字符 8。

```
A 2000 ↙
    MVRD R0,36      -- 把数字符"6"的 ASCII 码送入 R0 寄存器
    OUT 80          -- 通过串行接口显示 R0 的内容到 PC 的屏幕
    JR 2000         -- 实现重复显示
    RET             -- 程序结束
U 2000 ↙
G 2000 ↙
```

显示如下：

66666666666666666666666666666666666666666666666666666666666666666666

此程序是"死循环"，要通过重新启动教学计算机结束（注：重新启动教学计算机并不是让关闭并重新打开设备开关，而是按 RESET＋START 组合键，否则写入的随机存储器的程序会因为断电而导致丢失）。

（2）用 E 命令向内存多个单元写入一批数据，用 D 命令查看写入的结果。

```
E 2100 ↙     连续输入十六进制的数据时，要用空格键结束每一个字的输入，按 Enter 键结束 E 命令
D 2100 ↙     显示从 2100 单元开始的一段内存区的内容
```

（3）用 R 命令修改与查看各寄存器的内容和状态信息。

R R2 ✓　　　　　用于修改寄存器 R2 的内容
R ✓　　　　　　显示 16 个寄存器的内容

（4）用连续的 U 命令查看教学计算机的监控程序的内容，用 D 命令查看监控程序结尾处的数据区的内容。

U 0000 ✓
U ✓
D 087E ✓
D ✓

2. 在教学计算机上设计并调试、运行几个小的简单的汇编程序

【例 6-1】 用 A 命令设计一个小程序，实现寄存器的加和与运算。

（1）在命令行提示符状态下输入：

A 2000 ✓　　　　　　　　　-- 表示程序从 2000H(内存 RAM 起始地址)开始

屏幕将显示：

2000:

输入如下形式的程序：

6.12 汇编
实例讲解

2000: MVRD R0,AAAA　　　-- MVRD 与 R0 之间有且只有一个空格
2002: MVRD R1,5555
2004: ADD R0,R1
2005: AND R0,R1
2006: RET　　　　　　　　-- Return 的缩写，程序结束标志
2007:(按 Enter 键，结束 A 命令输入程序)

（2）用 G 命令运行程序，在命令行提示符状态下输入：

6.13 例 6-1

G 2000 ✓

程序运行结果显示，最终 R0 和 R1 两个寄存器的内容均为 5555H。

【例 6-2】 设计一个小程序，从键盘上接收一个字符并显示到屏幕上。

（1）在命令行提示符状态下输入：

A 2000 ✓　　　　　　　　　--

6.14 例 6-2

屏幕将显示：

2000:

输入如下形式的程序：

2000: IN 81　　　　　　　-- 判断键盘上是否按了一个键
2001: SHR R0　　　　　　--
2002: SHR R0　　　　　　-- 串行口是否有了输入的字符
2003: JRNC 2000　　　　-- 无输入则循环测试
2004: IN 80　　　　　　　-- 接收该字符
2005: OUT 80　　　　　　-- 在屏幕上显示输入的字符
2006: RET　　　　　　　-- 每段程序都必须以 RET 指令结束
2007:　　　　　　　　　-- (按 Enter 键即结束输入过程)

注：在教学计算机中，基本 I/O 接口的地址是确定的，数据口的地址为 80H，状态口的地址为 81H。

（2）用 G 命令运行程序。

在命令行提示符状态下输入：

G 2000 ↙

执行上面输入的程序光标闪烁等待输入，用户输入字符后，屏幕会显示该字符。

该实例建立了一个从主存 2000H 地址开始的小程序。在这种方式下，所有的数字都约定使用十六进制数，数字后不用跟字符 H。用户程序的最后一个语句一定为 RET 汇编语句。因为监控程序是选用类似子程序调用方式使实验者的程序投入运行的，所以只有用 RET 语句结束，才能保证程序运行结束后能正确返回到监控程序的断点，保证监控程序能继续控制教学计算机的运行过程。

6.15 例 6-3

【例 6-3】 计算 1~10 的累加和。

（1）用 A 2000 命令建立以下小程序：

```
2000:MVRD R1,0000        -- 置累加和的初值为 0
     MVRD R2,000A        -- 最大的加数
     MVRD R3,0000        --
2006:INC R3              -- 自加指令,得到下一个参加累加的数
     ADD R1,R3           -- 累加计算
     CMP R3,R2           -- 用比较指令判断是否累加完
     JRNZ 2006           -- 未完成,继续累加(当 R3 = R2 时,全零标志位为 1)
     RET
```

（2）用 G 2000 命令运行这个程序，观察计算结果，R1 的内容为累加和。运行过后，也可以用 R 命令观察计算结果。

结果如下：

R1 = 0037 R2 = 000A R3 = 000A

【例 6-4】 设计一个程序在显示器屏幕上循环显示 95 个可打印字符（包括空格字符）。

（1）在命令行提示符状态下输入：

A 2000 ↙

屏幕将显示：

2000：

从地址 2000H 开始输入下列程序：

```
A   2000             -- 从内存的 2000 单元开始建立用户的第一个程序
2000:  MVRD R1,7E     -- 向寄存器 R1 传送立即数
2002:  MVRD R0,20     -- 向寄存器 R0 传送立即数
2004:  OUT  80        -- 通过串行接口输出 R0 低位字节内容到显示器屏幕
2005:  PUSH R0        -- 保存 R0 寄存器的内容到堆栈中
2006:  IN 81          -- 读串行接口的状态寄存器的内容
2007:  SHR R0         -- R0 的内容右移一位,最低位的值移入标志位 C
2008:  JRNC 2006      -- 条件转移指令,标志位 C 不是 1 就转到 2006H 地址
2009:  POP R0         -- 从堆栈中恢复 R0 寄存器的原内容
200A:  CMP R0,R1      -- 比较两个寄存器的内容相同否,相同则标志位 Z = 1
200B:  JRZ 2000       -- 条件转移指令,当 Z 为 1 时转到 2000H 地址
200C:  INC R0         -- 把 R0 寄存器的内容增加 1
200E:  JR 2004        -- 必转指令,跳转到 2004H 地址
200F:  RET            -- 程序结束
```

（2）在命令行提示符状态下输入：

G 2000 ↙

运行后，可以观察到显示器上会循环显示所有可打印的字符。

上述例子都是用监控程序的 A 命令完成输入源汇编程序的。在涉及汇编语句标号的地方，不能用符号表示，只能在指令中使用绝对地址。使用内存中的数据，也由使用者给出数据在内存中的绝对地址。显而易见，对这样的短小程序，矛盾并不突出，但对较大的程序，就很困难了。

3．自己设计程序

（1）自己设计实现相应功能的一两个汇编程序，并完成调试和运行过程。

（2）从监控程序中挑选出若干个常用的子程序（包括带参数的和不带参数的），用在自己设计的程序中，并在教学计算机上完成调试和运行。

6.3.4　实验要求与实验报告

实验之前认真预习，明确实验目的和具体实验内容，设计好主要的待实验的程序，做好实验之前的必要准备。

想好实验的操作步骤，明确通过实验可以学到哪些知识，以及如何有意识地提高教学实验的效果。

在教学实验过程中，要爱护教学实验设备，认真记录和仔细分析遇到的现象与问题，找出解决问题的办法，有意识地提高自己创新思维能力。

实验之后认真写出实验报告，重点是预习时准备的内容、实验数据、实验过程，以及遇到的问题和解决问题的办法，自己的收获体会，对改进教学实验安排的建议等。

6.4　仿真软件操作步骤

6.4.1　PC 安装版虚拟仿真软件操作步骤

6.16 虚拟
仿真软件

（1）找到 tec2ksim.exe，双击启动，选择菜单"文件"→"启动监控程序"命令，出现如图 6.13 所示的界面。

（2）在"＞"状态下，输入如下监控命令，并理解监控命令 A、U、G、R、E、D、T 的功能。

A 命令：完成指令汇编操作，把产生的指令代码放入对应的内存单元中，可连续输入，如图 6.14 所示。不输入指令直接按 Enter 键，则结束 A 命令。

```
TEC-2000 CRT MONITOR
Version 2.0   2001.10
Computer Architectur Lab.,Tsinghua University
Copyright Jason He
```

```
>A 2000
2000: MVRD R0,AAAA
2002: MVRD R1,5555
2004: ADD R0,R1
2005: AND R0,R1
2006: RET
2007:
```

图 6.13　客户端指令级仿真系统联机界面　　　图 6.14　客户端指令级仿真系统 A 命令演示实例

U 命令：从相应的地址起反汇编 17 个内存单元的内容，并将结果显示在终端屏幕上，如图 6.15 所示。

图 6.15　客户端指令级仿真系统 U 命令演示实例

注：连续使用不带参数的 U 命令时，将从上一次反汇编的最后一条语句之后接着继续反汇编。

G 命令：从指定（或默认）的地址运行一个用户程序，如图 6.16 所示。

图 6.16　客户端指令级仿真系统 G 命令演示实例

R 命令：显示、修改寄存器内容，当 R 命令不带参数时，显示全部寄存器和状态寄存器的值，如图 6.17 所示。

图 6.17　客户端指令级仿真系统 R 命令演示实例

E 命令：从指定（或默认）地址逐字显示每个内存字的内容，并等待用户打入一个新的数值存回原内存单元，如图 6.18 所示，修改内容之后按空格键继续修改下一个单元内容，按 Enter 键则回到">"状态下。

图 6.18　客户端指令级仿真系统 E 命令演示实例

D 命令：从指定（或默认）地址开始显示内存 120 个存储字的内容，如图 6.19 所示。

T 命令：从指定地址（或当前地址）开始单条指令方式执行用户程序，如图 6.20 所示。

（3）编程中不能随意使用的寄存器及它们各自表示的含义。

R4：又名 SP，是操作系统的栈顶指针，指向堆栈的顶部。

R5：又名 PC，是程序计数器，里面的值总是指向当前程序运行的地址。

```
>D 2000
2000    8800    AAAA    8810    5555    0001    0201    8F00    0000
2008    0000    0000    0000    0000    0000    0000    0000    0000
2010    0000    0000    0000    0000    0000    0000    0000    0000
2018    0000    0000    0000    0000    0000    0000    0000    0000
2020    0000    0000    0000    0000    0000    0000    0000    0000
2028    0000    0000    0000    0000    0000    0000    0000    0000
2030    0000    0000    0000    0000    0000    0000    0000    0000
2038    0000    0000    0000    0000    0000    0000    0000    0000
2040    0000    0000    0000    0000    0000    0000    0000    0000
2048    0000    0000    0000    0000    0000    0000    0000    0000
2050    0000    0000    0000    0000    0000    0000    0000    0000
2058    0000    0000    0000    0000    0000    0000    0000    0000
2060    0000    0000    0000    0000    0000    0000    0000    0000
2068    0000    0000    0000    0000    0000    0000    0000    0000
2070    0000    0000    0000    0000    0000    0000    0000    0000
>_
```

图 6.19　客户端指令级仿真系统 D 命令演示实例

```
>T 2000

R0=AAAA   R1=5555   R2=0000   R3=0000   SP=2780   PC=2000
R9=0000 R10=0000 R11=0000 R12=0000 R13=0000 R14=2612
2002: 8810 5555   MVRD   R1,        5555
```

图 6.20　客户端指令级仿真系统 T 命令演示实例

6.4.2　网页版虚拟仿真软件操作步骤

（1）打开浏览器，出现如图 6.21 所示的界面，根据不同的实验内容选择不同的实验模块，如图 6.22 所示。

图 6.21　网页版指令级仿真系统主界面

在导航栏选择"汇编平台"中的"在线汇编编译器"，然后单击如图 6.23 所示的 Reset 和 Start 按钮模拟实验环境联机操作，打开如图 6.24 所示的界面。

图 6.22　选择相应的实验模块

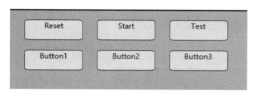

图 6.23　网页版仿真系统的联机按钮

图 6.24　网页版指令级仿真系统联机界面

（2）界面处于"＞"状态时，A、U、G、E、D 等监控命令功能如下。

A 命令：完成指令汇编操作，把产生的指令代码放入对应的内存单元中，可连续输入，如图 6.25 所示。不输入指令直接按 Enter 键，则结束 A 命令。

U 命令：从相应的地址反汇编 15 条指令，并将结果显示在终端屏幕上，如图 6.26 所示。

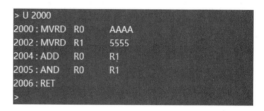

图 6.25　网页版指令级仿真系统 A 命令
演示实例

图 6.26　网页版指令级仿真系统 U 命令
演示实例

G 命令：从指定的地址（或默认 2000）运行一个用户程序，如图 6.27 所示，结果直接显示在汇编器界面下方的寄存器窗口，如图 6.28 所示。

图 6.27　网页版指令级仿真系统 G 命令演示实例

图 6.28　网页版指令级仿真系统 G 命令运行结果

E 命令：从指定地址（或默认 2000）逐字显示每个内存字的内容，并等待用户输入一个新的数值存回原内存单元。如图 6.29 所示，表示将 6E00 写入内存的 2000 地址单元中。

图 6.29　网页版指令级仿真系统 E 命令演示实例

D命令：从指定（或默认）地址开始显示内存 120 个存储字的内容，如图 6.30 所示。

```
> D 5000
5000    0000 0000 0000 0000 0000 0000 0000 0000
5008    0000 0000 0000 0000 0000 0000 0000 0000
5010    0000 0000 0000 0000 0000 0000 0000 0000
5018    0000 0000 0000 0000 0000 0000 0000 0000
5020    0000 0000 0000 0000 0000 0000 0000 0000
5028    0000 0000 0000 0000 0000 0000 0000 0000
5030    0000 0000 0000 0000 0000 0000 0000 0000
5038    0000 0000 0000 0000 0000 0000 0000 0000
5040    0000 0000 0000 0000 0000 0000 0000 0000
5048    0000 0000 0000 0000 0000 0000 0000 0000
5050    0000 0000 0000 0000 0000 0000 0000 0000
5058    0000 0000 0000 0000 0000 0000 0000 0000
5060    0000 0000 0000 0000 0000 0000 0000 0000
5068    0000 0000 0000 0000 0000 0000 0000 0000
5070    0000 0000 0000 0000 0000 0000 0000 0000
```

图 6.30　网页版指令级仿真系统 D 命令演示实例

6.4.3　移动版指令级虚拟仿真软件操作步骤

（1）通过百度云盘或 360 手机助手下载安装 DUT_TEC-XP 仿真系统，单击 图标，出现如图 6.31 所示的启动界面。

图 6.31　移动版虚拟仿真系统界面

（2）单击"命令行模式"图标进入该模式，简单写一段程序，界面如图 6.32 所示。

（3）用 U 命令反汇编程序并通过 G 命令执行，界面如图 6.33 所示。

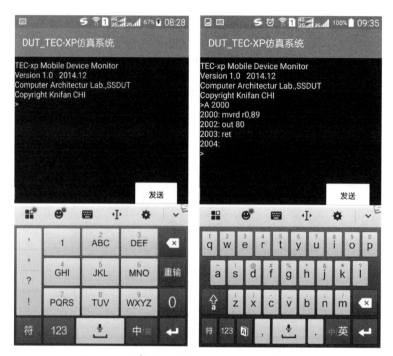

图 6.32　移动版虚拟仿真系统 A 命令演示界面

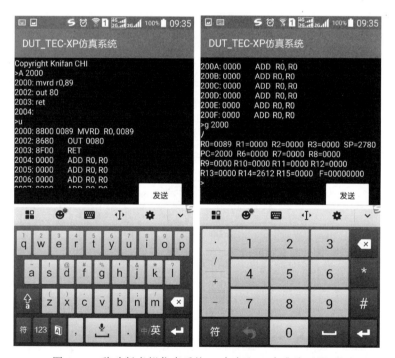

图 6.33　移动版虚拟仿真系统 U 命令和 G 命令演示界面

（4）R 命令和 T 命令的界面如图 6.34 所示。

（5）D 命令和 E 命令的界面如图 6.35 所示。

（6）回到主界面，单击"文本模式"和"教程实例"图标。文本模式指的是可以将代码以

图 6.34　移动版虚拟仿真系统 R 命令和 T 命令演示界面

图 6.35　移动版虚拟仿真系统 D 命令和 E 命令演示界面

文本的形式直接复制到本模块(可直接复制"教程实例"模块的 5 个实例代码,长按即完成复制),进行运行,并能够通过屏幕下方的显示窗口显示运行结果,查看寄存器功能查询程序执行之后所有寄存器的状态,如图 6.36 所示。

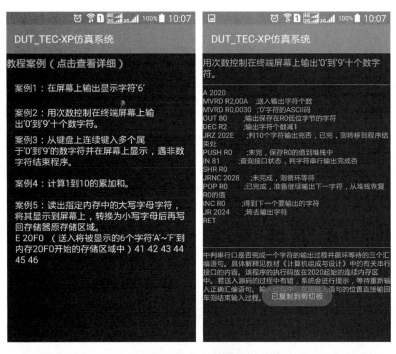

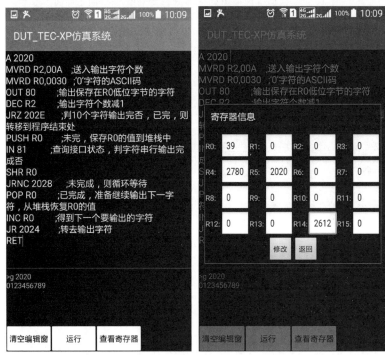

图 6.36 移动版虚拟仿真系统"文本模式"及"教程实例"演示界面

　　(7) 回到主界面，单击"汇编指令查询"和"系统说明"图标，演示界面分别如图 6.37 所示。

图 6.37　移动版虚拟仿真系统"汇编指令查询"及"系统说明"演示界面

6.4.4　思考题

6.17 思考题

（1）根据所学知识,使用仿真程序编程实现,从键盘输入一个数字,计算该值到 10 的累加和,结果存入 R2 中。

（2）在思考题（1）的基础上,对输入的字符检测是否是 0～9 的数字,如果是则计算累加和,如果不是则重新等待输入。

（3）在思考题（2）的基础上,对输入的字符检测是否是十六进制数字,如果是则计算累加和,如果不是则重新等待输入。

第 7 章

运算器部件实验

7.1 实验二
讲解

7.2 实验目的

7.1　实验目的

(1) 理解 4 位的运算器芯片 Am2901 的功能和内部组成。

(2) 理解运算器运行中使用的控制信号及其各自的控制作用。

(3) 理解教学计算机的运算器部件的运行过程和运算结果。

7.2　实验设备与相关知识

7.2.1　实验设备

(1) 硬件平台：TEC-XP 实验系统。

(2) 虚拟仿真平台：PC 安装版虚拟仿真系统；网页版虚拟仿真系统。

7.3 相关
部件介绍

7.2.2　运算器芯片 Am2901 的结构和功能

1. Am2901 芯片的内部组成

Am2901 芯片是一个 4 位的位片结构、完整的运算器器件,其内部组成如图 7.1 所示。从图 7.1 可以看到,该芯片的第 1 个组成成分是一个 4 位的算术逻辑运算部件 ALU,它的输出为 F,两路输入分别用 R 和 S 标记,送入 ALU 最低的进位信号 Cn。它能实现 R+S、S−R、R−S 三种算术运算功能,以及 R∨S、R∧S、R∧S、R⊕S、R⊕S 五种逻辑运算功能。在给出运算结果的同时,还送出向高位的进位输出信号 Cn+4、溢出标志信号 OVR、最高位的状态信号 F3(可能用作符号位),以及运算结果为零的标志信号 F=0000。

该芯片的第 2 个组成成分是由 16 个 4 位的通用寄存器组成的寄存器组。它是一个用双端口(A 端口和 B 端口)控制读出、单端口(B 端口)控制写入的部件。为了对其进行读写,需通过 A 地址(寄存器编号)、B 地址(寄存器编号)指定被读写的寄存器。两路读出数据分别用 A、B 标记,经锁存器线路可以送到 ALU 的 R、S 输入端的多路选择器,A 端口读出数据还可以用作该芯片的可选输出信号之一。寄存器组的写入数据由一组多路选择器给出,并由 B 地址选择写入的寄存器。

该芯片的第 3 个组成成分是一个 4 位的 Q 寄存器,主要用于实现硬件的乘法、除法指

令,能对本身的内容完成左、右移位的功能,能接收 ALU 的输出,输出送到 ALU 的 S 输入端。

7.6 I8~I0

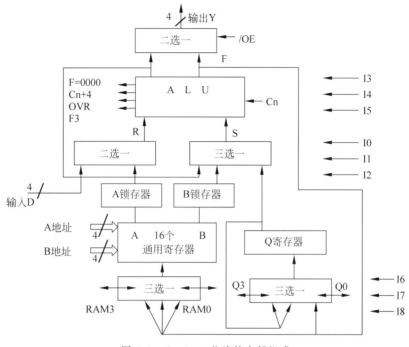

图 7.1 Am2901 芯片的内部组成

该芯片的其余组成成分是 5 组多路数据选择器电路,每组都由 4 套电路组成,每套电路对应一个数据位,通过它们,实现芯片内部上述 3 个组成成分之间的联系,也实现该芯片和其外界信息的输入与输出操作。Am2901 芯片的内部组成如图 7.1 所示。

(1) 一组 4 位的二选一器件控制把运算器内的两路 4 位输出数据(A 口数据、ALU 的运算结果数据)送出芯片,标记为 Y。

(2) 一组 4 位的二选一器件控制 R 数据源的来源:一是通过开关输入的数据 D;二是锁存器 A 中的数据。

(3) 一组 4 位的三选一器件,分别用于组合外部送来信息 D,通用寄存器组的双路读出信息 A 和 B,用作乘除法运算的寄存器 Q 的信息,以决定 ALU 的两路输入 R 和 S 的数据来源。

(4) 一组 4 位的三选一器件,实现从 ALU 的输出结果二选一,ALU 输出结果左移一位的值、ALU 输出结果右移一位:两个值选择其一,作为通用寄存器的写入信息,实现通用寄存器的接收及移位功能。在左、右移位时,其最高位和最低位可以送出或接收相应位的信息,图 7.1 中用 RAM3 和 RAM0 标记,它们都是由能进行双向传送的三态门电路实现的。

(5) 一组 4 位的三选一器件,用于完成 Q 寄存器内容的左、右移位,或接收 ALU 的输出结果。在进行左、右移位操作时,与通用寄存器移位类似的是,这里存在 Q3 和 Q0 的双向传送问题。

2. Am2901 芯片运行功能的控制

为了控制 Am2901 芯片运算器,使其按我们的意图完成预期的运算操作功能,必须向

7.7 I5～I3

其提供相应的控制信号,包括用 3 组各 3 位的编码,分别用于选择 ALU 的运算功能、输入数据、结果处置方案,具体规定如表 7.1～表 7.3 所示。

表 7.1　I5～I3 编码功能

编　　码			运算功能
I5	I4	I3	
0	0	0	R＋S
0	0	1	S－R
0	1	0	R－S
0	1	1	R∨S
1	0	0	R∧S
1	0	1	/R∧S
1	1	0	R⊕S
1	1	1	/(R⊕S)

表 7.2　I2～I0 编码功能

7.8 I2～I0

编　　码			数 据 来 源	
I2	I1	I0	R	S
0	0	0	A	Q
0	0	1	A	B
0	1	0	0	Q
0	1	1	0	B
1	0	0	0	A
1	0	1	D	A
1	1	0	D	Q
1	1	1	D	0

表 7.3　I8～I6 编码功能

7.9 I8～I6

编　　码			结 果 处 理		
I8	I7	I6	通用寄存器	Q 寄存器	Y 输出
0	0	0		F→Q	F
0	0	1			F
0	1	0	F→B		A
0	1	1	F→B		F
1	0	0	F/2→B	F/2→Q	F
1	0	1	F/2→B		F
1	1	0	2F→B	2F→Q	F
1	1	1	2F→B		F

关于该芯片的具体线路尚需说明如下几点:

(1) 有无芯片输出信号受/OE 信号的控制,仅当其为低电平时,才有 Y 值正常逻辑信号输出,否则输出为高阻态。

(2) 标志位 F＝0000 为集电极开路输出,可实现"线与"逻辑,此引脚需经电阻接＋5V电源。

(3) RAM3、RAM0、Q3、Q0 均为双向(入出)三态逻辑,一定要与外部电路正确连接。

（4）该芯片还有两个用于芯片之间完成高速进位的输出信号/G 和/P。

（5）Am2901 芯片要用一个 CLK(CP)时钟信号作为芯片内通用寄存器、锁存器和 Q 寄存器的输入信号。其有关规定如图 7.2 所示。注意，两个跳变沿和低电平所实现的控制功能不同。

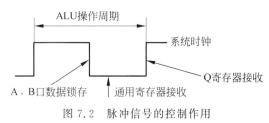

图 7.2　脉冲信号的控制作用

7.2.3　基于 Am2901 芯片运算器的设计与实现

1. Am2901 芯片的引脚信号

首先把 Am2901 芯片的引脚信号按输入/输出及功能分类小结，如图 7.3 所示。

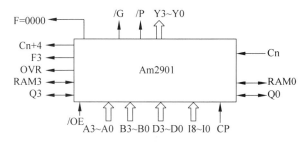

图 7.3　Am2901 运算器芯片的引脚分配

属于数据类型的信号包括 4 位数据输入(D3～D0)，4 位数据输出(Y3～Y0)，最低位进位输入信号(Cn)，4 个标志位输出信号(F3、OVR、F＝0000、Cn＋4)，通用寄存器最高、最低位移位输出信号(RAM3、RAM0)，Q 寄存器最高、最低位移位输出信号(Q3、Q0)，用于并行进位的两个信号(/G、/P)，合计 19 位。

属于控制类型的信号包括主脉冲信号(CP)，输出使能信号(/OE)，两个 4 位的寄存器选择信号(A3～A0、B3～B0)，选择 ALU 数据来源、运算功能、结果处置的信号各 3 位(I8～I0)，合计 19 位。该芯片还有电源和地线引脚各一个，故该芯片共有 40 个引脚。

2. 4 片 Am2901 芯片之间的连接

用 4 片 Am2901 芯片构成一个 16 位的运算器部件，4 片 Am2901 芯片之间的连接关系如图 7.4 所示。

（1）由 4 片各自的 D3～D0 组成 16 位的数据输入 D15～D0。

（2）由 4 片各自的 Y3～Y0 组成 16 位的数据输出 Y15～Y0。

（3）有高低位进位关系的 3 组信号，在高低位相邻芯片间的连接关系是：高位芯片的 RAM0、Q0 分别与低位芯片的 RAM3、Q3 相连；在串行进位方式下，高位芯片的 Cn 与低位芯片的 Cn＋4 相连；Am2901 芯片之间也可以选用一片 Am2902 器件实现快速进位。

此时，最低位芯片的 RAM0 与 Q0 是该 16 位的运算器的最低位的移位输出信号，最高位芯片的 RAM3 与 Q3 是 16 位的运算器最高位的移位输出信号。

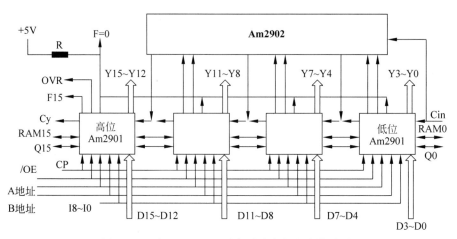

图 7.4 4 片 Am2901 芯片各引脚之间的连接关系

最低位芯片的 Cn 是整个运算器的最低位进位输入信号。最高位芯片的 Cn+4 是 16
位的完整运算器的进位输出信号。

同理,只有最高位芯片的 F3 和 OVR 有意义,低位的 3 个芯片的 F3 和 OVR 不被运用。

4 个芯片的 F=0000 引脚(集电极开路输出)连接在一起,并经一个电阻接到+5V 电
源,以得到 16 位的 ALU 的运算结果为"0"的标志位信号。

(4) 其他几组输入信号,对 4 片 Am2901 芯片来说应有相同的值,包括/OE(控制 Y 的
输出)、A 地址、B 地址(选择寄存器)、I8~I0(控制 Am2901 芯片的结果处置、运算功能、数
据来源),工作脉冲 CP,故应将 4 个芯片的这些信号的各对应引脚连接在一起。

7.2.4 Am2901 芯片的逻辑功能

有一些功能(数据)取决于如何使用 Am2901 芯片,与指令和指令的执行步骤有关,必
须用另外的线路来处理。

(1) 需要正确给出芯片的最低位的进位输入信号 Cin(进位逻辑如表 7.4 所示),选用 3
位的控制码确定,需要在 Am2901 芯片之外用另外的电路解决。

表 7.4 最低位输入信号 Cin 的进位逻辑

3 位选择码			指令举例	Cin 取值
SSH SCI 编码				
0	0	0	ADD,DEC	0
0	0	1	SUB,INC	1
0	1	0	ADC,SBB	C

(2) 关于左右移位操作过程中的 RAM3、RAM0、Q3 和 Q0 的处理,左移操作时,RAM3
和 Q3 为输出,RAM0 和 Q0 为输入;右移操作时,RAM0 和 Q0 为输出,RAM3 和 Q3 为输
入,这是由 I8 和 I7 共同控制的。这几个外部信息的接收与送入,选用 3 位的控制编码确定
(如表 7.5 所示),需要在 Am2901 芯片之外用另外的电路解决。

表7.5 累加器和Q寄存器的最高、最低位的移位输入信号的形成逻辑

3位选择码			左 移		右 移		说 明
SSH	SCI编码		RAM0	Q0	RAM15	Q15	
1	0	0	0	X	0	X	用于逻辑移位指令
1	0	1	C	X	C	X	用于和与C循环移位指令
1	1	0	Q15	/F15	Cy	RAM0	原码除（左移）、乘（右移）
1	1	1	X	X	F15	RAM0	用于算术右移指令

注：表中的X表示不必处理、不必过问该位的取值；当通用寄存器本身移位时，Q寄存器不受影响；乘除运算要求实现通用寄存器与Q寄存器联合移位；没有Q寄存器单独移位功能。

表7.4和表7.5规定的处理功能，可以在一片GAL20V8芯片内实现，为此需要为这个芯片分配输入/输出引脚并写出对应的逻辑表达式，经过编译处理之后，把可编程文件通过编程器设备写入芯片。这个芯片实现的是组合逻辑类型的线路功能。注意，在TEC-XP机型中，为缩短微指令的字长，把原来2位的SSH缩减为1位，只能对表7.4和表7.5的控制码合用同样的3位，而不是各自独用2位。下面是最低位进位信号和左、右移位信号的形成逻辑（代码实现）：

```
GAL20V8B
SHIFT
FENGKUN 2006/2/16
1       2     3     4     5      6     7      8      9     10     11    12
C0      MI7   SCI0  SSH   BIT8   SCI1  MI5    MI4    ZrH8  Cy     OVR   GND
ZrL8    C     ZERO  Q7    RAM15  Q15   RAM0   Q0     RAM7  CIN    F3    VCC

     CIN   = /SSH * /SCI1 * SCI0 + /SSH * SCI1 * /SCI0 * C + /SSH * SCI1 * SCI0 * C0
     Q0    = SSH * SCI1 * /SCI0 * /F3 * /BIT8 + SSH * SCI1 * /SCI0 * /F3 * BIT8
     ZERO  = /BIT8 * ZrH8 * ZrL8 + BIT8 * ZrL8
     Q7    = SSH * SCI1 * /SCI0 * RAM7 * BIT8
     RAM7  = SSH * SCI1 * /SCI0 * C * BIT8 + SSH * SCI1 * /SCI0 * Cy * BIT8
     RAM15 = SSH * /SCI1 * SCI0 * C * /BIT8 + SSH * SCI1 * /SCI0 * Cy * /BIT8
             + SSH * SCI1 * SCI0 * F3 * /OVR * /BIT8 + SSH * SCI1 * SCI0 * /F3 * OVR * /BIT8
     Q15   = SSH * SCI1 * /SCI0 * RAM0 * /BIT8 + SSH * SCI1 * SCI0 * RAM0 * /BIT8
     RAM0  = SSH * /SCI1 * SCI0 * C + SSH * SCI1 * /SCI0 * Q15 * /BIT8
             + SSH * SCI1 * /SCI0 * Q7 * BIT8

     CIN.OE   = VCC
     RAM7.OE  = VCC
     ZERO.OE  = VCC
     Q7.OE    = VCC
     RAM15.OE = /MI7
     Q15.OE   = /MI7
     RAM0.OE  = MI7
     Q0.OE    = MI7
DESCRIPTION
```

（3）4个标志位的值的接收与记忆电路，需在Am2901芯片之外实现。

C：进位标志位。加法时，C=1表示有进位；减法时，C=0表示有借位。

Z：零标志位。Z=1时，表示运算结果为0。

V：溢出标志位。V=1时，表示结果溢出。

S：符号标志位。S=1时，表示结果为负。

Am2901 芯片提供出 ALU 运算结果的 4 个标志位的信号,但并没有设置用于保存这 4 个信号的线路,需要使用另外的线路来维持或者保存这 4 个标志位的值。4 个标志位信号的变化有 8 种不同情况,使用 3 位的编码 SST 来区分,如表 7.6 所示。可以使用一片 GAL20V8 芯片实现表 7.6 规定的属于时序逻辑类型的逻辑功能。

7.10 SST 信号

表 7.6　状态寄存器的接收与保持

3 位选择码			状态位输入				说　明
SST 编码			C	Z	V	S	
0	0	0	C	Z	V	S	4 个标志位的值保持不变
0	0	1	CY	F=0	OVR	F15	接收 ALU 的标志位输出的值
0	1	0	内部总线对应的一位				恢复标志位原来的现场值
0	1	1	0	Z	V	S	置"0"C,另 3 个标志位不变
1	0	0	1	Z	V	S	置"1"C,另 3 个标志位不变
1	0	1	RAM0	Z	V	S	右移操作,另 3 个标志位不变
1	1	0	RAM15	Z	V	S	左移操作,另 3 个标志位不变
1	1	1	Q0	Z	V	S	联合右移,另 3 个标志位不变

状态寄存器的实现逻辑如下:

```
GAL20V8B
FLAG
Generate Program Status Word 2006.2
1     2     3     4     5     6     7     8     9     10    11    12
CLK   SST2  SST1  SST0  IB7   IB6   IB5   IB4   CY    Zr    OV    GND
OE    F3    MI5   C0    C     Z     V     S     Q0    RAM0  RAM3  VCC


C0: = CY * /MI5

C: = /SST2 * /SST1 * /SST0 * C
   + /SST2 * /SST1 * SST0 * CY
   + /SST2 * SST1 * /SST0 * IB7
   + SST2 * /SST1 * /SST0
   + SST2 * /SST1 * SST0 * RAM0
   + SST2 * SST1 * /SST0 * RAM3
   + SST2 * SST1 * SST0 * Q0

Z: = /SST2 * /SST1 * /SST0 * Z
   + /SST2 * /SST1 * SST0 * Zr
   + /SST2 * SST1 * /SST0 * IB6
   + /SST2 * SST1 * SST0 * Z
   + SST2 * Z

V: = /SST2 * /SST1 * /SST0 * V
   + /SST2 * /SST1 * SST0 * OV
   + /SST2 * SST1 * /SST0 * IB5
   + /SST2 * SST1 * SST0 * V
   + SST2 * V

S: = /SST2 * /SST1 * /SST0 * S
   + /SST2 * /SST1 * SST0 * F3
   + /SST2 * SST1 * /SST0 * IB4
   + /SST2 * SST1 * SST0 * S
```

```
+ SST2 * S

DESCRIPTION
C. OE = /OE
Z. OE = /OE
V. OE = /OE
S. OE = /OE
CO.OE = /OE
```

在上述逻辑表达式中,＊表示与运算,＋表示或运算,/表示求反运算;:＝表示时序逻辑的赋值运算,即用主时钟信号脉冲的上升沿,把本赋值运算符右边的逻辑表达式的运算结果保存到本赋值运算符左边符号表示的触发器线路中。

把这两片 GAL20V8 器件的功能连同 4 片 Am2901 芯片的内容示意地表示出来,可得到如图 7.5 所示的教学计算机运算器的完整组成框图。

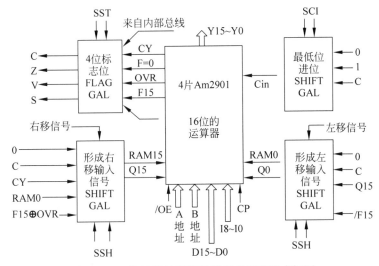

图 7.5　16 位教学计算机运算器的完整组成框图

7.3　实验内容和步骤

7.3.1　实验说明

脱机运算器实验,是指让运算器从教学计算机整机中脱离出来,此时,它的全部控制与操作均需通过两个 12 位的微型开关来完成,这就谈不上执行指令,只能通过开关、按键控制教学计算机的运算器完成指定的运算功能,并通过指示灯观察运算结果。

下面汇总前边讲过的与该实验直接有关的结论性内容。

1. 12 位微型开关的具体控制功能分配

A 口、B 口地址:送给 Am2901 芯片用于选择源与目的操作数的寄存器编号。

$I8 \sim I0$:选择操作数来源、运算操作功能、选择操作数处理结果和运算器输出内容的 3 组 3 位的控制码。

SCI、SSH:用于确定运算器最低位的进位输入、移位信号。

SST:用于控制 Am2901 芯片产生的状态标志位的结果。

2. 开关位置说明

做脱机运算器实验时,要用到提供 32 位控制信号的微动开关和提供 16 位数据的拨动开关(图 4.1)。微动开关是红色的,一个微动开关可以提供 12 位的控制信号,标有 SW1 Micro switch、SW2 Micro switch 和 SW3 Micro switch;数据开关是黑色的,左边的标有 SWH 的是高 8 位,右边的标有 SWL 的是低 8 位。微动开关与控制信号对应关系如表 7.7(由左到右)所示。

表 7.7   微型开关控制信号

SW1 Micro switch				SW2 Micro switch			
I8～I6	I5～I3	I2～I0	SST	SSH	SCI	B PORT	A PORT

7.3.2   实验操作步骤和内容

将教学计算机左下方的 5 个拨动开关置为 1XX00(单步、16 位、脱机、X 代表随机);先按 RESET 键,再按 START 键,进行初始化。

按表 7.8 所列的操作在机器上进行运算器脱机实验,将结果填入表中。其中,D1 取为 0101H,D2 取为 1010H;通过两个 12 位的红色微型开关向运算器提供控制信号,通过 16 位数据开关向运算器提供数据,通过指示灯观察运算结果及状态标志。

7.11 实例讲解

表 7.8   实验实例

运　算	I8～I0	SST	SSHSCI	B	A	按 START 键前		按 START 键后	
						ALU	CZVS	ALU	CZVS
＊D1＋0→R0	011000111	001	000	0000	不用	0101	随机	0101	0000
＊D2＋0→R1	011000111	001	000	0001	不用	1010	0000	1010	0000
R0＋R1→R0	011000001	001	000	0000	0001	1111	0000	2121	0000
RO－R1→R0	011001001	001	001	0000	0001	0101	0000	F0F1	1000
R1－R0→R1	011001001	001	001	0001	0000	0F0F	1000	0E0E	1000
R0 ∨ R1→R0	011011001	001	000	0000	0001	0F0F		0F0F	
R0 ∧ R1→R0	011100001	001	000	0000	0001	0101		0101	
R0 ∀ R1→R0	011110001	001	000	0000	0001	0E0E		0101	

按 START 键之前,ALU 输出的是计算结果,参照 ALU 的操作周期的时序可知 A、B 口数据锁存是在时钟的下降沿,通用寄存器的接收是在低电平,所以要想寄存器接收 ALU 的计算结果必须按 START 键。

注:用 ＊ 标记的运算,表示 D1、D2 的数据是由拨动开关 SW 给出的,开关给的是二进制的信号,注意二进制和十六进制间的转换关系。

7.3.3   实验运行环境

教学计算机的运算器部件主体部分由 4 片 4 位的位片结构的运算器芯片 Am2901 组成,其组成线路如图 7.6 所示,信息连接关系如图 7.7 所示。脱机实验是指把运算器部件从计算机系统中孤立出来,用数据开关提供外部的数据,用微型开关提供控制它运行的控制信号,通过指示灯察看其运行结果。因此,此时必须把联机/脱机的功能开关拨为脱机,标志位控制 SST 信号应拨为 001 码。

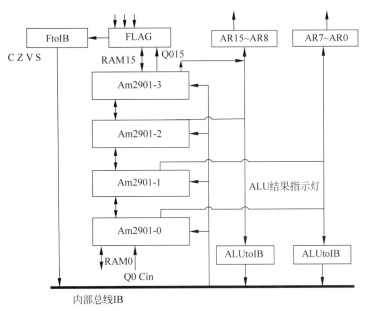

图 7.6 4 片 Am2901 组成线路

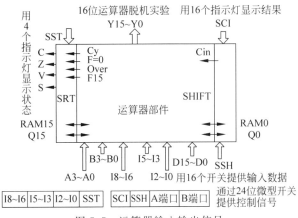

7.12 实验流程

图 7.7 运算器输入输出信号

运算器 3 组 3 位的控制信号和对应的功能如表 7.9 所示,最低位进位和移位信号的表示如表 7.10 所示。

表 7.9 运算器 3 组 3 位的控制信号和对应的功能

编码	I8~I6			I5~I3	I2~I0	
	REG	Q	Y	功能	R	S
000		F→Q	F	R+S	A	Q
001			F	S−R	A	B
010	F→B		A	R−S	0	Q
011	F→B		F	R∨S	0	B
100	F/2→B	F/2→Q	F	R∧S	0	A
101	F/2→B		F	/R∧S	D	A
110	2F→B	2F→Q	F	R⊕S	D	Q
111	2F→B		F	/(R⊕S)	D	0

表 7.10　最低位进位和移位信号

7.13 SSH 和
SCI

SSH SCI	Cin/SHIFT
000	Cin＝0
001	Cin＝1
010	Cin＝C
100	逻辑移位
101	循环移位

7.3.4　实验要求与实验报告

实验前认真预习,明确实验目的和具体实验内容,写出实验用到的数据和控制信号,做好实验之前的必要准备。

想好实验的操作步骤,想清楚通过实验到底可以学到哪些知识,以及如何有意识地提高教学实验的效果。

在教学实验过程中,要爱护教学实验设备,记录实验步骤中的数据和运算结果,仔细分析遇到的现象与问题,找出解决问题的办法,有意识地提高自己创新思维的能力。

实验之后认真写出实验报告,重点是预习时准备的内容、实验数据、运算结果的分析讨论、实验过程,以及遇到的问题和解决问题的办法,自己的收获体会,对改进教学实验安排的建议等。

7.14 虚拟
仿真软件

7.4　仿真软件操作步骤

以表 7.11 为例,分别使用 PC 安装版虚拟仿真软件和网页版虚拟仿真软件演示操作步骤及结果,演示结果及操作过程完全模拟在实际 TEC-XP 实验平台的操作过程和结果。

表 7.11　脱机运算器操作实例

运算	I8～I0	SST	SSH	SCi	B	A	按 START 键前 ALU 输出	按 START 键前 CZVS	按 START 键后 ALU 输出	按 START 键后 CZVS
＊D1＋0→R0	011000111	001	00	00	0000	不用	0101	随机	0101	0000
＊D2＋0→R1	011000111	001	00	00	0001	不用	1010	0000	1010	0000
R0＋R1→R0	011000001	001	00	00	0000	0001	1111	0000	2121	0000
R0－R1→R0	011001001	001	00	01	0000	0001	0101	0000	F0F1	1000
R1－R0→R1	011001001	001	00	01	0001	0000	0F0F	1000	0E0E	1000
R0∨R1→R1	011011001	001	00	00	0000	0001	0F0F	1000	0F0F	1000
R0∧R1→R0	011100001	001	00	00	0000	0001	0101	1000	0101	1000
R0⊻R1→R0	011110001	001	00	00	0000	0001	0E0E	1000	0101	1000
¬（R0⊻R1）→R0	011111001	001	00	00	0000	0001	FEFE	1000	0E0E	1001
2＊R0→R0	111000011	001	00	00	0000	不用	FEFE	1001	FDFC	0001
R0/2→R0	101000011	001	00	00	0000	不用	FDFC	0001	7EFE	0001

7.4.1　PC 安装版虚拟仿真软件操作步骤

根据操作系统位数,安装并启动 PC 端脱机运算器仿真程序,如图 7.8 所示。

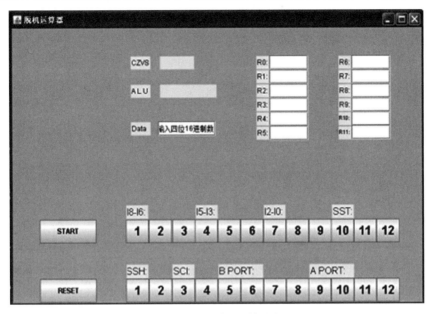

图 7.8　PC 端版脱机运算器主界面

按以下步骤输入指令编码。

注:在实验箱上,ALU 输出不需要触发,而软件模拟器则需要单击鼠标触发,故表中按 START 键前的 ALU 输出对应的是软件按 START 键后的 ALU 输出。

(1) *D1＋0→R0。在 Data 输入数据 D1(十六进制 0101),按 START 键,ALU 显示运算器输出的结果,数据被写入 R0,如图 7.9 所示。

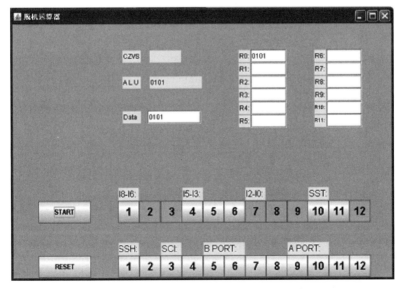

图 7.9　PC 端版脱机运算器 *D1＋0→R0 操作步骤

（2）＊D2＋0→R1。在 Data 输入数据 D2(十六进制 1010)，按 START 键，ALU 显示运算器输出的结果，数据被写入 R1，如图 7.10 所示。

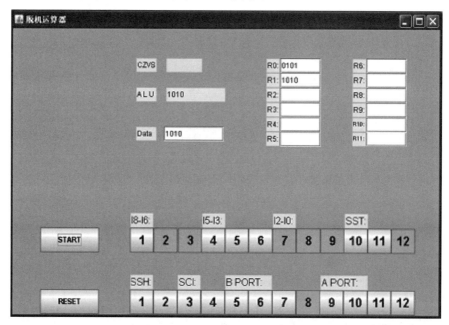

图 7.10　PC 端版脱机运算器 ＊D2＋0→R1 操作步骤

（3）R0＋R1→R0。按 START 键，ALU 显示运算器输出求和的结果，数据被写入 R0，如图 7.11 所示。

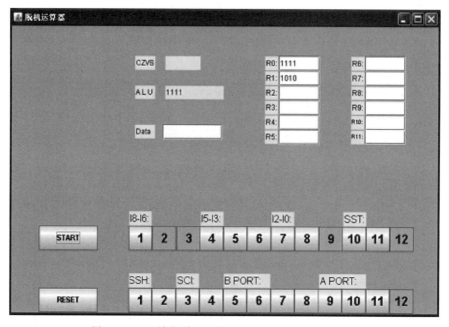

图 7.11　PC 端版脱机运算器 R0＋R1→R0 操作步骤

（4）R0－R1→R0。按 START 键，ALU 显示运算器输出求差的结果，数据被写入 R0，如图 7.12 所示。

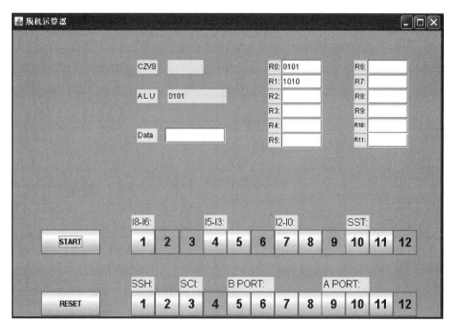

图 7.12 PC 端版脱机运算器 R0－R1→R0 操作步骤

（5）R1－R0→R1。按 START 键,ALU 显示运算器输出求差的结果,数据被写入 R1,
如图 7.13 所示。

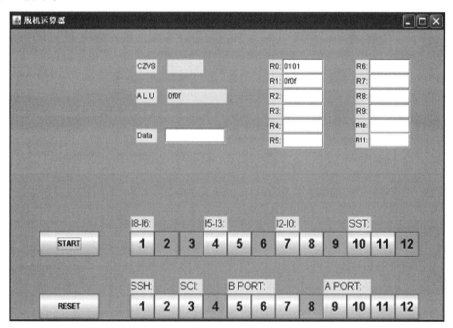

图 7.13 PC 端版脱机运算器 R1－R0→R1 操作步骤

（6）R0∨R1→R1。按 START 键,ALU 显示运算器输出求或的结果,数据被写入 R1,
如图 7.14 所示。

（7）R0∧R1→R0。按 START 键,ALU 显示运算器输出求与的结果,数据被写入 R0,
如图 7.15 所示。

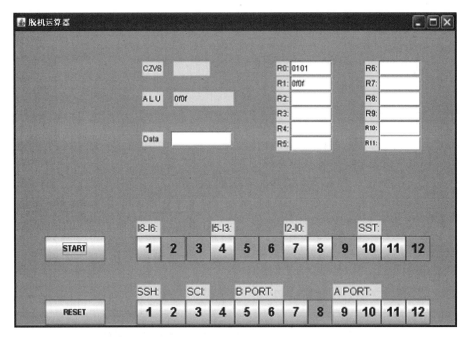

图 7.14 PC 端版脱机运算器 R0∨R1→R1 操作步骤

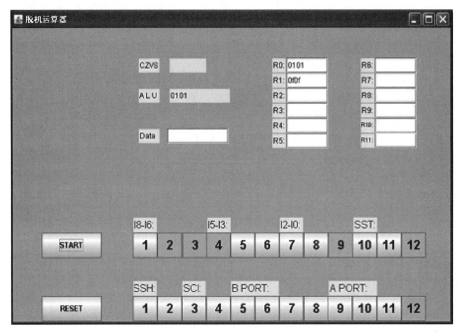

图 7.15 PC 端版脱机运算器 R0∧R1→R0 操作步骤

(8) R0∀R1→R0。按 START 键,ALU 显示运算器输出求异或的结果,数据被写入 R0,如图 7.16 所示。

(9) ¬(R0∀R1)→R0。按 START 键,ALU 显示运算器输出求异或后取非的结果,数据被写入 R0,如图 7.17 所示。

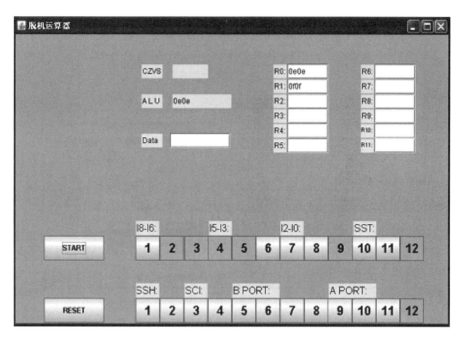

图 7.16 PC端版脱机运算器 R0∀R1→R0 操作步骤

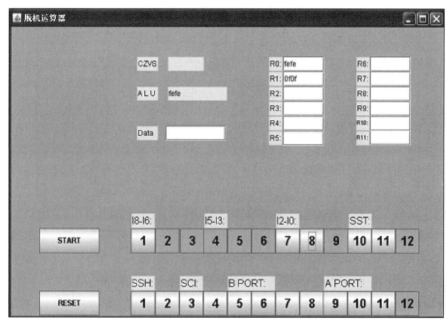

图 7.17 PC端版脱机运算器¬(R0∀R1)→R0 操作步骤

(10) 2 * R0→R0。按 START 键,ALU 显示运算器输出求乘 2 的结果,数据被写入 R0,如图 7.18 所示。

(11) R0/2→R0。按 START 键,ALU 显示运算器输出求除以 2 的结果,数据被写入 R0,如图 7.19 所示。

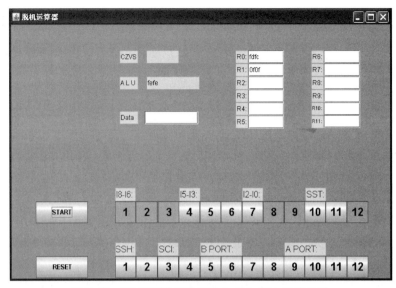

图 7.18　PC 端版脱机运算器 2 * R0→R0 操作步骤

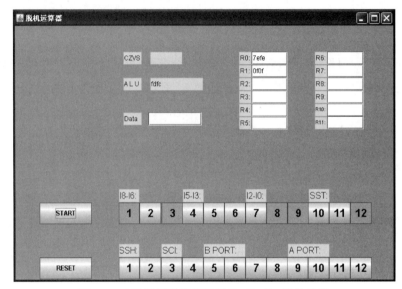

图 7.19　PC 端版脱机运算器 R0/2→R0 操作步骤

7.4.2　网页版虚拟仿真软件操作步骤

访问脱机运算器主界面如图 7.20 所示。

按以下步骤输入指令编码。

注：在实验箱上，ALU 输出不需要触发，而软件模拟器则需要单击鼠标触发，故表中按 Start 键前的 ALU 输出对应的是软件按 Start 键后的 ALU 输出。

（1）* D1+0→R0。在 Data 输入数据 D1（十六进制 0101），按 Start 键，ALU 显示运算器输出的结果，数据被写入 R0，如图 7.21 所示。

（2）* D2+0→R1。在 Data 输入数据 D2（十六进制 1010），按 Start 键，ALU 显示运算器输出的结果，数据被写入 R1，如图 7.22 所示。

脱机运算器

首次使用请参考教程

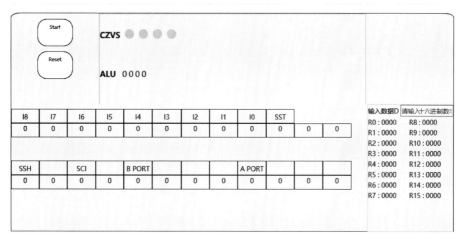

图 7.20 网页版脱机运算器主界面

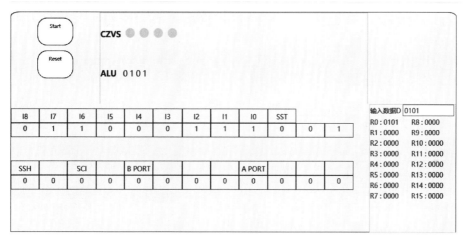

图 7.21 网页版脱机运算器 * D1+0→R0 操作步骤

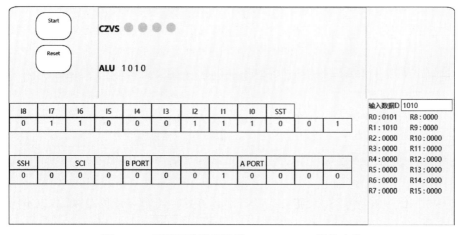

图 7.22 网页版脱机运算器 * D2+0→R1 操作步骤

（3）R0＋R1→R0。按 Start 键，ALU 显示运算器输出求和的结果，数据被写入 R0，如图 7.23 所示。

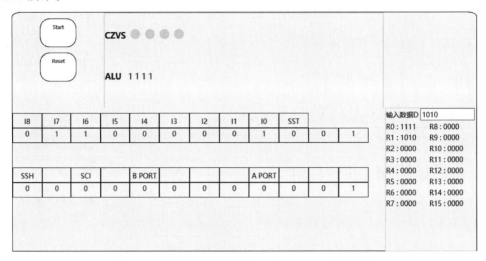

图 7.23　网页版脱机运算器 R0＋R1→R0 操作步骤

（4）R0－R1→R0。按 Start 键，ALU 显示运算器输出求差的结果，数据被写入 R0，如图 7.24 所示。

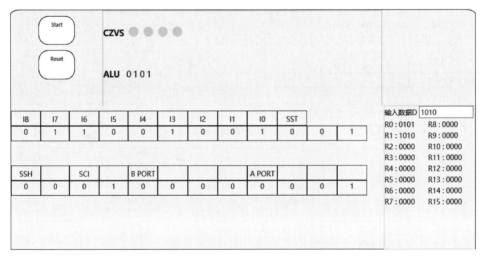

图 7.24　网页版脱机运算器 R0－R1→R0 操作步骤

（5）R1－R0→R1。按 Start 键，ALU 显示运算器输出求差的结果，数据被写入 R1，如图 7.25 所示。

（6）R0∨R1→R1。按 Start 键，ALU 显示运算器输出求或的结果，数据被写入 R1，如图 7.26 所示。

（7）R0∧R1→R0。按 Start 键，ALU 显示运算器输出求与的结果，数据被写入 R0，如图 7.27 所示。

（8）R0∀R1→R0。按 Start 键，ALU 显示运算器输出求异或的结果，数据被写入 R0，如图 7.28 所示。

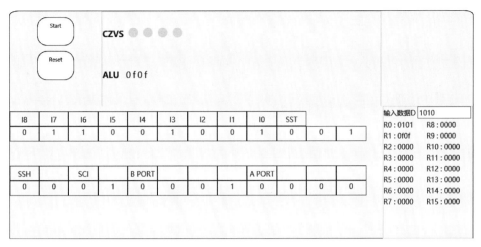

图 7.25　网页版脱机运算器 R1－R0→R1 操作步骤

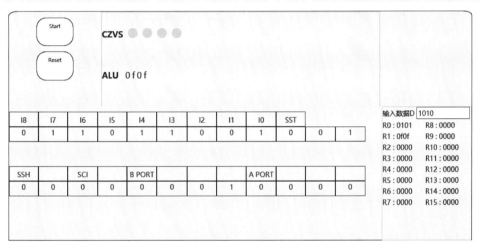

图 7.26　网页版脱机运算器 R0∨R1→R1 操作步骤

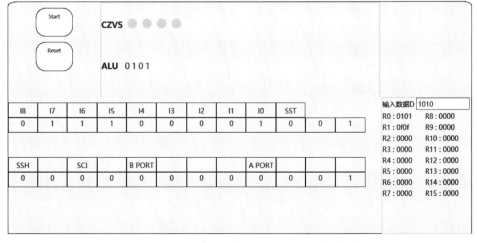

图 7.27　网页版脱机运算器 R0∧R1→R0 操作步骤

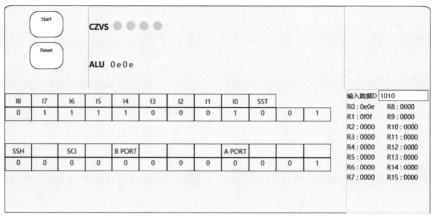

图 7.28　网页版脱机运算器 R0∀R1→R0 操作步骤

（9）¬（R0∀R1）→R0。按 Start 键，ALU 显示运算器输出求异或后取非的结果，数据被写入 R0，如图 7.29 所示。

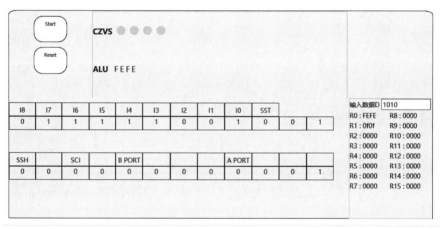

图 7.29　网页版脱机运算器 ¬（R0∀R1）→R0 操作步骤

（10）2*R0→R0。按 Start 键，ALU 显示运算器输出求乘 2 的结果，数据被写入 R0，如图 7.30 所示。

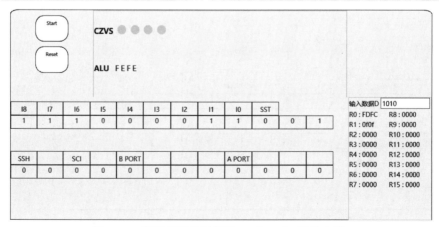

图 7.30　网页版脱机运算器 2*R0→R0 操作步骤

（11）R0/2→R0。按 Start 键，ALU 显示运算器输出求除以 2 的结果，数据被写入 R0，如图 7.31 所示。

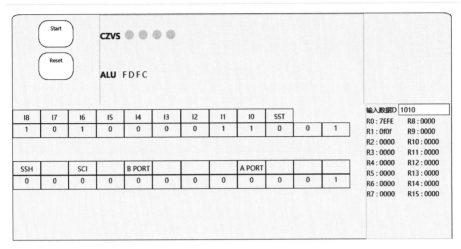

图 7.31　网页版脱机运算器 R0/2→R0 操作步骤

7.4.3　思考题

（1）表 7.12 中第 1 个字段的寄存器编号可根据实际情况灵活填写。例如：

预期功能	实现方案
R0 ← 1234	数据开关拨 1234，B 地址给 0，D+0，结果送 B 端口选的 R0
R9 ← 789F	数据开关拨 789F，B 地址给 9，D+0，结果送 B 端口选的 R9
R9 ← R9−R0	B 地址 9，A 地址给 0，最低位进位给 1，B−A，结果送 B 端口选的 R9
R0 ← R0+1	B 地址给 0，最低位进位给 1，B+0，结果送 B 端口选的 R0
R10← R0	B 地址给 A，A 地址给 0，A+0，结果送 B 端口选的 R10
R9 ← R9∧R0	B 地址给 9 值，A 地址也给 0 值
Q ← R9	A 地址给 9，结果送 Q 寄存器

找出实现每一操作功能要用到的控制码。填写表 7.12 中各组控制信号的正确值，然后填入运行结果的状态信息表 7.13。

表 7.12　控制信号表

功能	功能对应汇编指令	控 制 信 号					地址	
		I8～I6	I5～I3	I2～I0	SST	SSH SCI	B 地址	A 地址
R__←1234								
R__←789F								
R__←R__−R__								
R__←R__+1								
R__←R__								
R__←R__∧R__								
Q←R__								

7.15 思考题

表 7.13　运行状态信息表

功能	按 Start 键前					按 Start 键后				
	Y15～Y0	C	Z	V	S	Y15～Y0	C	Z	V	S
R__←1234										
R__←789F										
R__←R__－R__										
R__←R__＋1										
R__←R__										
R__←R__∧R__										
Q←R__										

（2）如何实现 ADD R0,♯DATA?

（3）考虑设计 R0＝R0－1,采用 DEC 指令和 SUB 指令两种方法实现,给出控制信号。

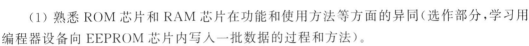

第8章
CHAPTER 8

存储器扩展实验

8.1 实验目的

8.1 实验三
讲解

(1) 熟悉 ROM 芯片和 RAM 芯片在功能和使用方法等方面的异同(选作部分,学习用编程器设备向 EEPROM 芯片内写入一批数据的过程和方法)。

(2) 理解并学习通过字、位扩展技术实现扩展存储器系统容量的方案。

(3) 了解如何通过读、写存储器的指令实现对 58C65 ROM 芯片的读、写操作。

(4) 理解存储器部件在计算机整机系统中的作用。

8.2 实验设备与相关知识

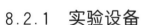

8.2 实验
目的

8.2.1 实验设备

(1) 硬件平台:TEC-XP 实验系统。

(2) 软件平台:PCEC16.COM。

(3) 虚拟仿真平台:PC 安装版虚拟仿真系统;网页版虚拟仿真系统。

8.3 相关
部件介绍

8.2.2 TEC-XP 存储系统的介绍

教学计算机的内存储器、串行接口、中断线路汇总如图 8.1 所示。在教学计算机的主存储器部件中,配置了 6 个存储器芯片插座,其中 4 个 28 芯插座可插只读存储器 28C64(或兼容 58C65)或 2764 芯片,2 个 24 芯插座可插静态随机存储器 6116 芯片。这 6 个芯片被分成上、下两组,每组由两片 8KB 容量的 ROM 和一片 2KB 容量的 RAM 组成。下组为 16 位存储器的高 8 位,上组为低 8 位。ROM 芯片用来存放监控程序;RAM 芯片用来存放用户程序和数据,以及用作监控程序临时数据和堆栈区。另外两个芯片 ExtROMH、ExtROML 用来实现对存储器容量进行扩展。

8.4 芯片
扩展介绍

两组存储器的地址线直接与地址总线 ABH、ABL 相连,下组存储器的数据线与外部总线高 8 位 DBH 相连,上组存储器的数据线与外部总线低 8 位 DBL 相连。

可以扩展的存储器的片选信号未连通,只是通过圆孔针(均标有/CS)引出。这就要求在扩展存储器时,要为其提供正确的片选信号。

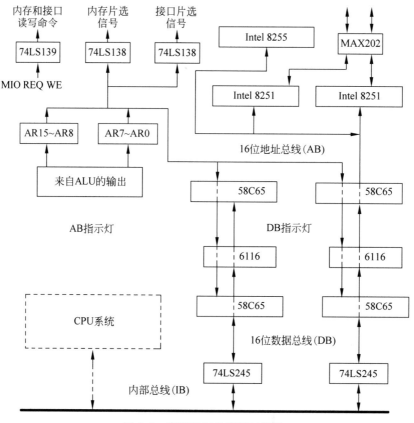

图 8.1　存储器与外围接口线路

在教学计算机中由一片 74LS138 译码器电路(DC5)实现内存地址 AB15～AB13 译码，产生 8 个用作内存片选的译码信号，分别对应 8 个内存地址空间，即从 0000H～1FFFH 到 E000H～FFFFH。其中地址范围为 0000H～1FFFH 的译码信号作为 ROM 芯片的片选信号，地址范围为 2000H～3FFFH 的译码信号作为 RAM 芯片的片选信号，其他 6 个译码信号通过圆孔针引出，同时标出了其对应的内存地址范围。译码器 DC5 仅在有内存读写操作时才应产生内存储器芯片的片选信号，这是通过把 DC3 译码器的译码输出/MMREQ 信号（表示有内存读写，低电平有效）接到 DC5 的/G2B 控制引脚实现的。

对只读存储器，用户可以任选 28C64 或 2764 中的一种使用，但这几种芯片的引脚定义不完全兼容，为了能在一个芯片插座上兼容多种存储器，实现时采用了跳线针的方法。

教学计算机的内存地址空间分配关系如下：

0000H～1FFFH：监控程序；

2600H～27FFH：监控程序临时数据和堆栈；

2000H～25FFH：用户区，可存放用户的程序和数据；

4000H～FFFFH：用户扩展区，可存放用户的程序和数据。

此外，还必须为每一个存储器芯片提供正确的读写命令，包括：

把 DC3 译码器的译码输出信号/MWR（内存写命令，低电平有效）接到 6116 芯片的/WE 引脚；6116 的/OE 引脚（输出使能控制）可以直接接地，或与该芯片的片选/CE（也可记为/CS）引脚短接。

对 PROM 存储器芯片,27 系列芯片的/OE 引脚可以直接接地,而 28 系列芯片的/OE 引脚,在芯片的读操作期间可以为低电平,在芯片的写操作期间必须为高电平。28 系列芯片的/WE 引脚,要接 DC3 译码器的译码输出信号/MWR(内存写命令,低电平有效)。28 系列芯片支持按字节读写,只是写操作的速度要慢得多,持续时间应为 $200\mu s \sim 1ms$,可以用一段循环程序延时来解决。

8.3 实验内容和步骤

8.3.1 实验说明

扩展教学计算机的存储器空间和读写 58C65 ROM 芯片概述如下:

教学计算机的主板上,预留了两个 28 个引脚的器件插座,可以插上两个 58C65 ROM (8KB 容量)器件构建 16 位字长的存储器,这就是存储器的位数(字长)扩展。还需要为这两个存储器芯片提供正确的片选信号,保证它与原有存储器芯片有正确的地址空间范围,可以把存储器地址译码器产生的一个片选信号连接到这两个芯片的片选信号引脚(/CS),这属于存储器的容量(字数)扩展技术。除此之外,还要向这两片存储器芯片提供正确的读写控制命令和使能控制控制命令(/OE)。

要对两片扩展的 58C65 ROM 器件写入或读出数据,有两种办法。

第一种办法,使用编程器设备向该存储器芯片写入程序或数据,之后再把芯片插到器件插座中,在只读的操作方式运行其中的程序或使用其中的数据,检查结果的正确性。通过这个实验可以学习编程器的使用方法和向器件内写入信息的操作步骤。

第二种办法,也可以在教学计算机系统中,直接向 58C65 ROM 器件写入信息,可以用监控命令 E、A 向器件内输入某些数据或程序,此时需要保证为器件提供正确的读写控制信号和使能控制信号,并确保每一次写操作要维持约 1ms,此方式下的 58C65 ROM 器件提供了类似于 RAM 器件的功能,这只是一种变通的用法。

8.3.2 实验操作步骤和内容

对 58C65 ROM 芯片执行读操作时,需要保证片选信号(/CS)为低电平,使能控制信号(/OE)为低电平,读写命令信号(/WE)为高电平,58C65 ROM 芯片的读出时间与 RAM 芯片的读出时间相同,无特殊要求;对 58C65 ROM 芯片执行写操作时,需要保证片选信号(/CS)为低电平,使能控制信号(/OE)为高电平,读写命令信号(/WE)为低电平。该芯片用几个跳线夹来支持这种选择。

操作步骤:

(1) 检查自锁紧插座下方两排的 3 个插针的短接情况,执行写入操作时,用短路子连接左两个针,执行读出操作时,用短路子连接右两个针。

(2) 为两个存储器芯片(标有 EXTROMH/CS 和 EXTROML)分配地址空间,把 MEMDC 74LS138 译码器的一个输出信号连接到两个芯片的片选引脚/CS。

(3) 把两片 58C65 ROM 芯片插到两个带自锁紧的器件插座并锁紧插座。要注意芯片插入的方向,带有半圆形缺口的一方朝左。

用 A、E 命令向 6116 RAM 芯片写入程序和数据,断电后再启动,芯片中的内容将丢失。

用 A 命令、E 命令向 58C65 ROM 芯片中写入程序和数据，断电后再启动，芯片中的内容不会改变，如图 8.2 所示，图(a)用 E 命令修改 RAM 和 EEPROM 中的内容，图(b)和图(c)是断电重连后用 D 命令查看的结果。

(a) E命令修改RAM和EEPROM

(b) 断电重连后D命令查看RAM

(c) 断电重连后D命令查看EEPROM

图 8.2　RAM 和 EEPROM 存储性质不同实例展示

8.5 存储
性质不同

1. 用 E 命令修改内存 RAM(6116)区几个存储单元的值并用 D 命令观察结果

(1) 用 E 命令向内存 RAM(6116)区写入数据：

E 2020 ↙

屏幕将显示：

2000　　内存单元原值：

按如下形式输入：

2020　原值：1111　（空格）原值：2222(空格)原值：3333 ↙

(2) 用 D 命令从内存 RAM(6116)区读出数据：

D　2000 ↙

屏幕将显示从 2000 内存单元开始的值，其中 2000H～2002H 的值如下：

1111 2222 3333　　　　　　　表明 RAM 芯片的内容写读都正确

若断电后重新启动教学实验机，则用 D 命令观察内存单元 2000H～2002H 的值会发现原来置入这几个内存单元中的内容已经改变了，从而验证随机存储器 RAM 断电即失的特性。

2. 用 E 命令改变内存 ROM(58C65)区几个存储单元的值并用 D 命令观察结果

(1) 用 E 命令向扩展的 ROM(58C65)存储器写入数据(此时两个跳线夹短接在左侧)：

E 5000 ↙

屏幕将显示：

5000　　内存单元原值：

按如下形式输入：

5000　原值：1111(按空格)原值：2222(按空格)原值：3333 ↙

注意，在用 E 命令向 ROM 芯片写入数据的过程中，显示的下一个存储单元的内容可能不对，但不影响正确的数据写入功能。

(2) 用 D 命令从扩展的 ROM 存储器读出数据(此时两个跳线夹短接在右侧)：

D 5000 ↙

屏幕将显示 5000H~507FH 内存单元的值,从 5000H 开始的连续 3 个内存单元的值依次为:

1111 2222 3333 …

若断电后重新启动教学计算机,用 D 命令查看内存单元 5000H~5002H 的值,会发现这几个单元的值没有发生改变,表明 EEPROM 的内容断电后可保存。

3. 用 A 命令输入一段程序,用 U 命令反汇编并观察结果

观察结果如图 8.3 所示。

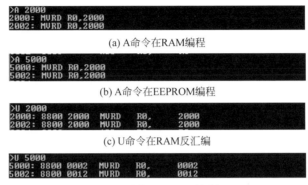

8.6 存取
速度差异

```
>A 2000
2000: MVRD R0,2000
2002: MVRD R0,2000
```
(a) A命令在RAM编程

```
>A 5000
5000: MVRD R0,2000
5002: MVRD R0,2000
```
(b) A命令在EEPROM编程

```
>U 2000
2000: 8800 2000    MVRD    R0,    2000
2002: 8800 2000    MVRD    R0,    2000
```
(c) U命令在RAM反汇编

```
>U 5000
5000: 8800 0002    MVRD    R0,    0002
5002: 8800 0012    MVRD    R0,    0012
```
(d) U命令在EEPROM反汇编

图 8.3 用 A 命令、U 命令反汇编验证 RAM 和 EEPROM 存储速度不同实例展示

(1) 在命令行提示符状态下输入:

A 2000↙

屏幕将显示:

2000:

按如下形式输入:

```
2000: MVRD R0,AAAA
2002: MVRD R1,5555
2004: ADD R0,R1
2005: RET
2006: ↙
```

(2) 用 T 命令逐条执行以下指令。

T 2000 ↙

R0 的值变为 AAAA,其余寄存器的值不变。

T↙

R1 的值变为 5555,其余寄存器的值不变。

T↙

R0 的值变为 FFFF,其余寄存器的值不变。

(3) 用 G 命令连续运行整个程序。

G 2000

运行输入的程序,屏幕显示各寄存器的内容:

R0 = FFFF R1 = 5555　R2 = …

用 E 命令、D 命令写读 58C65 ROM 芯片并观察执行结果。

4. 用 A 命令、U 命令向 RAM 和 58C65 ROM 芯片写入程序并反汇编查看

（1）在命令行提示符状态下输入:

A 5000 ↙　　（此时两个跳线夹短接在左侧）

屏幕将显示:

5000:

按如下形式输入:

```
5000: MVRD R0,AAAA
5002: MVRD R1,5555
5004: ADD R0,R1
5005: RET
5006: ↙
```

（2）用 U 5000 命令查看输入的程序,看到前两条指令的第 2 个指令字内容错。

（3）用 E 命令修改程序前两条双字指令的第 2 个指令字的内容通过 E5001 命令把 AAAA 写到 5001H 单元,通过 E5003 命令把 5555 写到 5003H 单元。

（4）用 U 5000 命令查看输入的程序,完全正确。

8.3.3　实验运行环境

在教学计算机中,选用静态存储器芯片实现内存储器,包括只读存储区（ROM,存放监控程序等）和随机读写存储区（RAM）两部分,每个存储器芯片提供 8 位数据,用两个芯片组成 16 位长度的内存字。6 个芯片被分成 3 组,其地址空间分配关系是: 0～1FFFH 用于第 1 组 ROM,固化监控程序; 2000H～27FFH 用于 RAM,保存用户程序和用户数据,其高端的一些单元作为监控程序的数据区; 第 2 组 ROM 的地址范围可以由用户选择,主要用于完成扩展内存容量（存储器的字、位扩展）的教学实验。内存储器和串行接口线路的组成如图 8.1 所示。

地址总线的低 13 位送到 ROM 芯片的地址线引脚（RAM 只用低 11 位）,用于选择芯片内的一个存储字,地址总线的高 3 位通过译码器产生 8 个片选信号。存储器 16 位的数据线连接到数据总线,并通过双向三态门电路 74LS245 与 CPU 一侧的内部总线 IB 相连接。

这里用到 3 个译码器电路。一片 74LS138 译码器芯片接收地址总线最高 3 位地址信息,以产生内存芯片的 8 个片选信号,用于确定哪一个空间范围的内存区可以读写; 另一片 74LS138 译码器芯片接收地址总线低位字节的最高 4 位地址信息（最高一位恒定为 1）,以产生接口芯片的 8 个片选信号用于选择哪一个接口电路可以读写。一片 74LS139 双 2-4 译码器芯片接收控制器送来的 3 位控制信号 MIO、REQ、WE,当这 3 位信号组合为 000、001、010、011、1XX 时,译码器将产生写内存操作、读内存操作、写接口操作、读接口操作、内存和接口芯片都无读写操作的控制命令。

可以选用 2 片 58C65 ROM（电可擦除的 EPROM 器件）芯片扩展 8K 字（16KB）的存储空间,既可以通过专用的编程设备向芯片写入相应的数据,也可以通过写内存的指令向芯片的指定单元写入 16 位的数据,只是每一次的写操作需要几百微秒才能完成。

　　串行接口芯片的 8 位数据线引脚连接到数据总线 DB 的低位字节,它与 CPU 之间每次交换 8 位信息,属于并行操作关系。教学计算机的串行接口和设备的串行接口之间通过通信线实现连接,对 8 位的数据采用逐位传送的方案处理,属于串行传送方式。图 8.1 中的 MAX202 芯片用于完成电平转换功能,提高信息传送过程中的抗干扰能力。

8.3.4 实验要求与实验报告

　　实验之前认真预习,明确实验目的和具体实验内容,设计好扩展 8K 字(16KB)存储器容量的线路图,标明数据线和控制信号的连接关系,做好实验之前的必要准备。

　　想好实验的操作步骤,明确可以通过实验学到哪些知识,以及如何有意识地提高教学实验的真正效果。

　　在教学实验过程中,要爱护教学实验设备和用到的辅助仪表,记录实验步骤中的数据和运算结果,仔细分析遇到的现象与问题,找出解决问题的办法,有意识地提高自己创新思维能力。

　　实验之后认真写出实验报告,重点是预习时准备的内容、实验数据、实验结果的分析讨论、实验过程,以及遇到的问题和解决问题的办法,自己的收获体会,对改进教学实验安排的建议等。

8.4 仿真软件操作步骤

8.4.1 PC 安装版虚拟仿真软件操作步骤

8.7 存取指令介绍

　　存储器扩展实验使用与第 6 章监控程序与汇编语言程序设计实验一样的虚拟仿真软件,依然需要用到相关的监控命令和基本的汇编指令,在本节中需要了解读写内存的新指令 STRR 和 LDRR,以 STRR 为例,指令格式为 STRR [DR],SR 实现的功能是将 SR 寄存器的内容存放到以寄存器 DR 里内容为地址的内存单元当中,具体实例如图 8.4 所示,用 A 命令写一段程序实现将 31 存放到内存 5000 地址单元中,用 G 命令执行后,再用 D 命令观察 5000 地址单元的内容确实被正确写入。

(a) PC 安装版测试 STRR 实例

```
>D 5000
5000    0031  0000  0000  0000
```

(b) D 命令查看程序运行效果

图 8.4　客户端仿真系统 STRR 命令功能展示

8.4.2 网页版虚拟仿真软件操作步骤

　　与安装版的虚拟仿真软件实现的功能一样,STRR 汇编命令实例如图 8.5 所示,接下来可以使用监控命令和汇编指令编程实现对扩展的存储区进行读写操作。

```
> A 2000
2000 : MVRD R2,5000
2002 : MVRD R0,0031
2004 : STRR [R2],R0
2005 : RET
2006 :
```

(a) 网页版测试STRR实例

```
> D 5000
5000      0031 0000 0000 0000 0000 0000 0000 0000
```

(b) D命令查看程序运行效果

图 8.5　网页版仿真系统 STRR 命令功能展示

8.8 思考题

8.4.3　思考题

（1）从键盘上输入一个 0～9 的数字，将从该数字开始到 F 的所有数据存储到扩展之后 5000 开始的 EEPROM 存储器单元中。

（2）基于(1)完成输入数字到 F 的累加，并将累加和存储在 F 的后续单元中。

（3）考虑输入的字符，判断是否是 0～9 的数字，可进一步考虑输入字母 A～F 的情况。

第 9 章

中断嵌套实验

9.1 实验目的

9.1 实验四
讲解

理解中断的原理,学习和掌握中断产生、响应、处理等技术,主要涉及如下几点:

(1) 中断源的捕捉。

(2) 中断向量表的查询。

(3) 中断服务处理程序(ISR)。

9.2 实验设备与相关知识

9.2.1 实验设备

9.2 实验目的

(1) 硬件平台:TEC-XP 实验系统。

(2) 软件平台:PCEC16.COM。

(3) 虚拟仿真平台:PC 安装版虚拟仿真系统;网页版虚拟仿真系统。

9.2.2 TEC-XP 系统中断线路

9.3 相关
部件介绍

TEC-XP 系统中断线路的总体组成如图 9.1 所示。图中 IRQ0~IRQ2 是 3 个中断请求源信号,高电平有效,优先次序从低到高为 IRQ0~IRQ2,参照 8-3 编码器线路 74LS148 的运行原理,得到 2 位编码输出信号 A1 和 A0,也是高电平有效,2 位编码输出信号与 3 个中断请求源输入信号的对应关系如表 9.1 所示。

表 9.1 中断请求源输入信号与编码输出对应关系

IRQ2	IRQ1	IRQ0	A1	A0
0	0	1	0	1
0	1	×	1	0
1	×	×	1	1

表 9.1 中,"1"代表高电平,"0"代表低电平,"×"代表"无关位"。表中的内容表明,当有一个或多个中断请求时,总是给出优先级最高的中断请求源所对应的编码值。

2 位输出信号 A1、A0 用时钟信号 CLK 的上升沿输入 8D 寄存器(74LS273)的低 2 位,

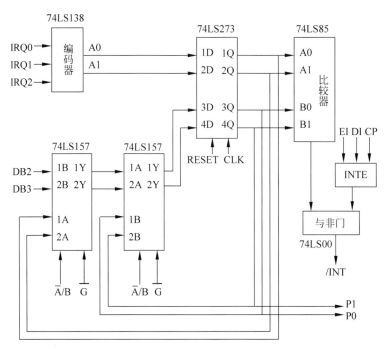

图 9.1　有关中断部分的线路

表明新的中断请求的优先级。该中断请求能否得到响应,即是否能向 CPU 发出中断请求信号/INT,取决于此时 CPU 是否处于开中断状态,由 INTE 信号指明,还取决于该新的中断请求的优先级(已记忆在 8D 寄存器的低 2 位)是否高于已处在执行过程中的现行中断的优先级(用 P1、P0 表示)。正常情况下,P1、P0 被保存在 8D 寄存器的 Q4、Q3 中。为判定现行优先级与新的优先级的高低次序,采用一片比较器线路 74LS85 芯片,新的中断请求的优先级送到比较器的 A 输入端,处在执行过程中的现行中断的优先级送到比较器的 B 输入端,若新的中断请求的优先级更高,则比较器输出 A>B 的信号为高电平,用它和 INTE 信号实现与非运算,就直接得到送给 CPU 的中断请求信号/INT。

　　为支持中断实验,还要设置一个中断允许触发器 INTE,并提供开中断指令 EI 和关中断指令 DI。EI 指令的功能是通过给出低电平信号置"1"INTE 触发器,称为开中断操作,使 CPU 可以响应中断请求;DI 指令的功能是通过给出低电平信号置"0"INTE 触发器,称为关中断操作,使 CPU 不能响应中断请求。

　　中断允许触发器 INTE 的输出信号的逻辑表达式,开中断指令应使 INTE 置"1",当中断允许触发器 INTE 为"1"并且未执行禁止中断指令时,应保持中断允许触发器 INTE 为"1"不变。

$$INTE := /EI + DI * INTE$$

　　接下来要解决的问题,是在响应新的中断请求时,如何变换中断优先级,也就是用新的中断优先级取代现行的中断优先级;在结束中断处理时,如何恢复原来的中断优先级(已保存在系统堆栈中),这些操作是通过两片实现二选一功能的器件 74LS157 实现的。分 3 种情形来讨论。

　　(1) 无中断请求并且不是中断返回指令时,保存在 8D 寄存器的 Q4、Q3 二位中的现行中断优先级 P1 和 P0 应保持不变,此时可以把这两个位输出,通过右边的一片二选一器件的 B 输入端送到 8D 的各对应的输入引脚,以便将其写回该寄存器原来的这两个位中,此时应选择这片二选一器件的 B 输入端工作。

(2) 当 CPU 响应中断时,则要变更中断优先级,可以把新的中断优先级经左边二选一器件的 A 输入端,再经右边二选一器件的 A 输入端,送到 8D 寄存器的输入引脚 D4 和 D3,以便将其写到该寄存器对应的两个位中,完成用新的中断优先级取代原中断优先级,此时应选择两片二选一器件的 A 输入端工作。

(3) 当执行中断返回指令(IRET)时,应完成恢复原中断优先级的处理,此时可以把从内存堆栈读来的原中断优先级(在数据总线的 DB3、DB2 两位,最低 2 位 DB1、DB0 总为 0),经左边二选一器件的 B 输入端,再经右边二选一器件的 A 输入端传送到 8D 寄存器的 D4、D3 两个输入引脚,进而完成对原中断优先级的写回操作。此时应选择左边二选一器件的 B 输入端和右边二选一器件的 A 输入端工作。

这样一来,这个问题就变成对两片二选一器件的输入端选择控制。为此,可以通过 CPU 提供的两位控制信号 GINTR 和 GINTN 来实现。

在无中断请求并且不是中断返回指令时,使 GINTR 和 GINTN 均为高电平,选择右边二选一器件的 B 输入端数据,从而把现中断优先级 P1 和 P0 写回 8D 的 Q4、Q3 二位,这将使现行中断优先级 P1 和 P0 保持不变,对应第(1)种情形。

当 CPU 响应中断时,使 GINTR 和 GINTN 为 10,则两片二选一器件都选中 A 输入端数据,从而把新的中断优先级 A1 和 A0 写进 8D 的 Q4、Q3 二位,取代了原中断优先级。

在执行中断返回指令(IRET)时,使 GINTR 和 GINTN 为 01,则会选择左边二选一器件的 B 输入端,右边二选一器件的 A 输入端工作,则从堆栈读出来的原中断优先级将被写入 8D 寄存器的相应 Q4、Q3 二位中,完成恢复原中断优先级的操作。

除此之外,还要使用/RESET 信号作为清零 8D 寄存器的控制信号;时钟脉冲信号也要接到 8D 的 CLK 引脚。

从图 9.1 中可以看到,该原理性方案共使用了 7 片小规模器件:编码器、比较器、8D 寄存器、D 触发器、与非门器件各一片,二选一器件两片。

这一逻辑功能,也可以只使用一片 GAL20V8 器件(INTP)实现。编码器的功能,依据给出的真值关系写出如下的逻辑表达式:

```
A1 = IRQ2 + IRQ1
A0 = IRQ2 + /IRQ1 * IRQ0
```

可以把 8D 寄存器的清零、输入和输出功能,以及两片二选一芯片的功能,依据前述各种处理情形写出如下逻辑表达式:

```
P₁ : =   P₁ * GINTR * GINTN * RST
    +   A1 * GINTR * /GINTN * RST
    +   DB3 * /GINTR * GINTN * RST

P₀ : =   P₀ * GINTR * GINTN * RST
    +   A0 * GINTR * /GINTN * RST
    +   DB2 * /GINTR * GINTN * RST
```

加上前面提到的中断允许触发器的操作:

```
INTE : = /EI + DI * INTE
```

比较器的功能和中断请求信号的逻辑表达式,汇总新的中断优先级高于现行中断优先级的全部情况,可以写出如下逻辑表达式:

```
/INT# = INTE * ( A1 * A0 * P1 * /P0    -- (3 > 2)
               + A1 * /P1              -- (3,2 > 1,0)
               + /A1 * A0 * P1 * P0 )--(1 > 0)
      = INTE * A1 * A0 * P1 * /P0       -- 展开括号
      + INTE * A1 * /P1
      + INTE * /A1 * A0 * P1 * P0
```

上面给出了与处理中断优先级有关的逻辑电路。此外,从产生、保存、清除中断请求源信号考虑,还需要另外一些逻辑线。为完成中断教学实验,必须设置多位开关或按键(需要解决操作过程中的开关或按键的抖动问题)用于给出中断请求源信号;对应着每一位还要各有一个具有清零、置"1"功能的中断触发器,用于记忆中断请求源信号;当该中断请求得到响应后,在确定时刻还必须执行清除这一中断请求信号的操作。下面给出这一部分的线路及其有关说明。

选用3个无锁按键用作3个中断源信号,每一个无锁按键有3个接线端,其中公用端接地,另外两端分别标记为R和S,连接到中断触发器和去抖动触发器,用于控制触发器翻转到要求的状态。平时,S端与公用端保持常通,R与公用端断开,按下时,S端与公用端断开,R端与公用端连通。这里说的去抖动,是指在一次按下或松开按键的过程中,消除机械接触件可能的多次跳动引发的多于一次的接触动作。如图9.2所示为中断请求源信号的记忆与清除线路。

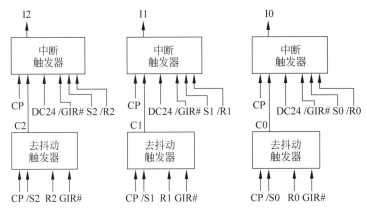

图 9.2 中断请求源信号的记忆与清除线路

DC2-3 和 GIR# 两个信号,是 CPU 提供的触发器动作的时间控制信号,DC2-3 是一位控制信号,平时为 1,仅在需要时给出为 0 的值,只用在此处;GIR# 只出现在读取指令的时刻,保证置中断触发器为 1 发生在此期间。

上述功能是采用一片 GAL20V8 器件(INTS)实现的,其逻辑表达式如下:

```
I2  := /DC24 * /GIR# * C2 * S2 * /R2  +  /DC2 - 3 * I2
C2  := /S2  +  R2 * C2  +  /GIR# * C2
I1  := /DC24 * /GIR# * C1 * S1 * /R1  +  /DC2 - 3 * I1
C1  := /S1  +  R1 * C1  +  /GIR# * C1
I0  := /DC24 * /GIR# * C0 * S0 * /R0  +  /DC2 - 3 * I0
C0  := /S0  +  R0 * C0  +  /GIR# * C0
```

表达式中表述的事实：若去抖动触发器的状态为 0，则仅在相应无锁按键的 S 端给出低电平时才会翻转为 1 状态；若去抖动触发器的状态为 1，则在相应无锁按键的 R 端给出高电平时或在读取指令时刻都会保持 1 状态不变。

中断触发器接收去抖动触发器的输出，其条件是 DC2-3 信号为低，并且无锁按键的 R 端和 S 端分别给出低电平和高电平，发生时刻是在读取指令的期间，若中断触发器的状态已经为 1，则在 DC2-3 信号为低电平的整个期间应保持 1 状态不变。

9.2.3 中断处理在教学计算机中的具体实现

教学计算机的中断线路主要包括 2 片 GAL、3 个无锁按键、2 片 74LS374 和若干插针。下面分别对这几部分进行简要介绍。

(1) 3 个无锁按键，提供中断请求的源信号。教学计算机支持三级中断，这 3 个无锁按键作为 3 个中断源，从右到左依次为一级、二级、三级，对应的中断优先级编码 P1、P0 依次为 01、10、11，优先级也依次升高。这 3 个无锁按键的引脚作为 INTS GAL 和 INTP GAL 的输入。

(2) INTS GAL，接收并记忆通过无锁按键给出的中断请求源信号。该芯片的输入信号除了 3 个无锁按键的 6 个引脚外，还有控制信号 DC23、/GIR 及系统时钟 CK1。输出信号只有 3 个，分别表示取指时 3 个无锁按键是否被按下，如果被按下，则相应的输出信号为高电平，否则为低电平。这 3 个输出信号被送至 INTP GAL。

该芯片实现的功能是，在每次取指前一拍（用 DC2-3＝1 指示），将 3 个输出信号全部清零；在每次取指时（/GIR 信号指示），都检测是否有中断请求（即是否有无锁按键被按下），并用这 3 个输出引脚表示；在取指后以及整个指令执行过程中，这 3 个输出信号都将保持不变。

(3) INTP GAL，在条件成立时，向 CPU 发出中断请求信号/INT（低电平有效）。该芯片实现的功能是：

① 对 INTS GAL 送来的 3 个信号进行中断优先级编码，得到新请求的中断优先级，并与当前中断优先级 P1、P0 比较。

② 设置中断允许位 INTE，该信号高电平表示允许中断，低电平表示禁止中断。当控制信号 DC12～DC10＝110 时，INTE 被置"1"；DC12～DC10＝111 时，INTE 被清零。

③ 产生中断请求信号/INT，该信号低电平表示有（更高优先级）中断请求需要响应。在中断允许位 INTE＝1 时，如果新的中断优先级比当前中断优先级高，则给出中断请求信号/INT＝0，否则/INT＝1。

P1、P0 也是状态寄存器的两个输入信号，可随同状态标志（C、Z、V、S）压入/弹出栈。P1、P0 也是 INTVTL 74LS374 的两个输入信号，用来形成当前中断优先级在中断向量表中的首地址。

(4) 通过中断向量寄存器 INTVTH 74LS374、INTVTL 74LS374 硬性设置的中断向量分别为十六进制的 2404、2408 和 240C，对应的中断优先级分别是 1、2、3。

9.3 实验内容和步骤

9.3.1 实验说明

要求中断隐指令中执行关中断功能,如果用户中断服务程序允许被中断,必须在中断服务程序中执行 EI 开中断命令。

教学计算机的中断系统共支持三级中断,由 3 个无锁按键确定从右到左依次为一级、二级、三级,对应的 P1、P0 的编码分别是 01、10、11,优先级也依次升高。这决定了它们的中断向量(即中断响应后,转去执行的程序地址)为 2404、2408、240C;可以看到,每级中断实际可用的空间只有 4 个字,故这个空间一般只存放一条转移指令,而真正的用户中断服务程序则存放在转移指令所指向的地址内存区。

若准备在只有基本指令集的系统中完成中断实验,用户需扩展中断隐指令、开中断指令、关中断指令、中断返回指令及节拍发生器的内容。

在做实验之前必须做到以下 3 点。

(1) 实验前应了解什么是中断向量表。

(2) 中断隐指令不对应特定指令代码,因而不能用指令代码来判断是否为新指令,在实际设计中,除了复位外,当节拍 T3＝1 时,认为是扩展指令。这样在扩展中断隐指令时,节拍 T3 应为 1。

(3) 3 个中断源有不同的优先级,从左到右依次增高,在开中断的情况下,高优先级中断能够中断低优先级中断的中断服务处理程序,反之则不行,而且中断具有断点保护机制,能够在中断服务处理程序执行完后恢复现场,并返回断点继续执行,如图 9.3 所示。

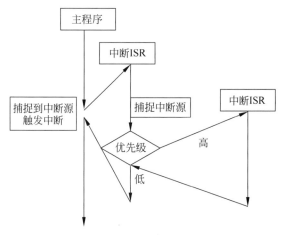

图 9.3 嵌套中断执行机制

9.3.2 单级中断实验流程及实例

1. 单级中断流程说明

首先以一个正常上课时回顾上次课内容的"中断式"的讲课流程,引出单级中断实验流程,并根据具体的实验平台及编程环境对实验流程进行细化。

9.4 单级
中断流程

2. 单级中断实例讲解

（1）编写主程序。

首先主程序要使能中断并实现一个无限循环给用户足够的时间触发中断,下面给出一个基于 TEC-XP 平台编写的主程序实例:

9.5 单级
中断实例

```
* 2000:EI              -- 开中断(机器码:6E00)
2001:MVRD R0,0036      -- 将字符'6'的 ASCII 码送寄存器 R0
2003:OUT 80            -- 输出该字符
2005:MVRD R0,4000      -- 延时子程序
2007:DEC R0
2008:JRNZ 2007
2009:JR 2001           -- 跳到 2001 循环执行该程序
200A:RET
```

（2）编写中断向量表。

中断向量表是链接中断源按键和中断服务处理程序的桥梁,一般存放一条无条件跳转指令。

9.6 主程序
实现

```
(右)2404:JR 2420      -- 跳转到右中断服务程序
(中)2408:JR 2430      -- 跳转到中中断服务程序
(左)240C:JR 2440      -- 跳转到左中断服务程序
```

（3）编写中断服务处理程序。

中断服务处理程序需要实现前边分析的四个必要元素,包括保护现场、中断处理、恢复现场和中断返回,如果要实现中断嵌套的话,在保护现场后要再次开中断。

9.7 中断
向量表

3. 填写中断 ISR

右边按键的中断服务处理程序:

```
2420:PUSH R0          -- R0 进栈(保护现场)
2421:PUSH R3          -- R3 进栈(保护现场)
* 2422: EI            -- (再次开中断)
2423:MVRD R3,31       -- 将'1'的 ASCII 码给 R3
2424:MVRD R0,0042     -- 将字符"B"赋值给 R0,B 即 Begin 的缩写
2426:CALA 2200        -- 完成字符显示,相当于 OUT 80
2428:MVRD R0,0049     -- 将字符"I"赋值给 R0,I 即 Interrupt
2430:CALA 2200        -- 完成字符显示,相当于 OUT 80
2432:MVRR R0,R3       -- 把 R3 的内容(31)赋值给 R0
2433:CALA 2200        -- 完成字符显示,相当于 OUT 80
2435:IN 81            -- 判键盘上是否按了一个键
2436:SHR R0           -- 即串口是否有了输入字符
2437:SHR R0
2438:JRNC 2435        -- 若没有,等待
2439:IN 80            -- 将输入的字符送到 R0,并重置是否按键标志位
2440:MVRD R0,0045     -- 将字符"E"赋值给 R0,E 即 End 的缩写
2441:CALA 2200        -- 完成字符显示,相当于 OUT 80
2443:MVRD R0,0049     -- 将字符"I"赋值给 R0,I 即 Interrupt
2444:CALA 2200        -- 完成字符显示,相当于 OUT 80
2446:POP R3           -- R3 出栈(恢复现场)
2447:POP R0           -- R0 出栈(恢复现场)
* 2448:IRET           -- 中断返回(EF00)
```

9.8 中断
ISR 实例

9.9 多级中断

9.3.3 实验操作步骤和内容

1. 实验内容

（1）扩展中断隐指令，为中断隐指令分配节拍。中断隐指令用到 12 个节拍，为了和一般指令相区别，应将其节拍 T3 设计为 1。注意：在扩展中断隐指令时要用到 DC1、DC2 的译码信号。

（2）扩展开中断指令 EI、关中断指令 DI、中断返回指令 IRET。

（3）确定中断向量表地址。中断向量表的高 12 位由硬件布线确定。三级中断对应的中断向量为 2404H、2408H、240CH。当有中断请求且被响应后，将执行存放在该中断的中断向量所指向的内存区的指令。

（4）填写中断向量表。在上述的 2404H、2408H、2140CH 地址写入 3 条 JR 转移指令，JR 指令的 OFFSET 是偏移量，其值是要转向的地址的值减去该条转移指令的下一条指令的地址的值，范围为−128～+127。但在 Pcec16 中输入时，用户不需要计算偏移量，直接输入要转向的绝对地址即可。也可以使用 JMPA 指令，后跟 ADDR 绝对地址，可以跳转到内存任意地址范围。

（5）编写中断服务程序。中断服务程序可以放在中断向量表之后，中断服务程序可实现在程序正常运行时在计算机屏幕上显示与优先级相对应的不同字符。

（6）写主程序。可编写一死循环程序，要求先开中断。

2. 实验操作步骤

（1）实验功能开关设置：

00010

（2）了解中断源按键在 TEC-XP 实验系统的位置，说明 3 个中断源的优先级：

左＞中＞右

（3）修改 3 个中断源对应的中断向量表，如图 9.4 所示。

图 9.4　中断向量表编写方法

（4）3 条扩展指令的使用方法和写法为 EI(6E00)、IRET(EF00) 和 DI(6F00)，如图 9.5 所示。

图 9.5　扩展指令编写方法

3. 实例

（1）填写中断向量表。选择三级中断的中断向量为 2404H、2408H、240CH。中断向量一共有 16 位，高 12 位由硬件布线决定为 0010 0001 0000，后四位为 P1P000，P1P0 由按下的无锁按键（中断源）决定，分别为 01、10、11，所以中断向量的 16 位为 2404H、2408H、240CH。

从 2404H 单元开始输入下面的程序：

```
(2404)JR 2420      -- 2404 对应最右边中断源按键,跳转到对应中断服务程序入口
(2408) JR 2430     -- 2408 对应最右边中断源按键,跳转到对应中断服务程序入口
(240C)JR 2440      -- 240C 对应最右边中断源按键,跳转到对应中断服务程序入口
```

注：中断服务入口地址可根据中断程序长短进行更改。

（2）编写中断服务程序。该中断服务程序,先保护现场,然后开中断,在主程序连续显示字符“M”,按下中断键后,显示“BI”(Begin Interrupt)该中断优先级,若是一级则输出“1”,若是二级则输出“2”,若是三级则输出“3”,显示完成后,等待用户输入一个按键,按下按键则返回至显示“EI”(End Interrupt),再显示对应级别的数字,并返回到上一级,以此类推,直到返回主程序继续连续显示字符“M”。在执行低级中断的情况下,如发生高级中断则执行高级中断,高级中断执行完成后继续执行低级中断,低级中断执行完成后再返回主程序。

用 A、E 命令从 2420H 单元开始输入下面的程序（标有 * 的语句表示用 E 命令输入,3 个中断源按键对应的中断服务子程序）:

```
A 2420
2420: PUSH R0            -- R0 进栈
2421: PUSH R3            -- R3 进栈
2422: MVRD R3,31         -- 将字符"1"的 ASCII 码送寄存器 R3
2424: JR 2450            --

A 2430
2430: PUSH R0            -- R0 进栈
2431: PUSH R3            -- R3 进栈
2432: MVRD R3,32         -- 将字符"2"的 ASCII 码送寄存器 R3
2434: JR 2450            --

A 2440
2440: PUSH R0            -- R0 进栈
2441: PUSH R3            -- R3 进栈
2442: MVRD R3,33         -- 将字符"3"的 ASCII 码送寄存器 R3
2444: JR 2450            --

E 2450
* 2450:6E00( * EI)       -- 前面带 * 号的语句属于扩展指令,只能用 E 命令输入指令码,EI 是开
                            中断指令,允许中断嵌套

A 2451
2451: MVRD R0,0042       -- 将字符"B"赋值给 R0,B 即 Begin 的缩写
2453: CALA 2200          -- 调用子程序,完成显示
2455: MVRD R0,0049       -- 将字符"I"赋值给 R0,I 即 Interrupt 的缩写
2457: CALA 2200          -- 调用子程序,完成显示
2459: MVRR R0,R3         -- 将 R3 的内容送 R0
245A: CALA 2200          -- 调用子程序,完成显示
245C: IN 81              -- 判断键盘上是否按了一个键
245D: SHR R0             -- 判断串口是否有了输入字符,移标志位进 C
245E: SHR R0             -- 判断串口是否有了输入字符,移标志位进 C
245F: JRNC 245C          -- 若没有,等待
2460: IN 80              -- 输入字符到 R0
2461: MVRD R0,0045       -- 将字符"E"赋值给 R0,E 即 End 的缩写
2463: CALA 2200          -- 调用子程序,完成显示
2465: MVRD R0,0049       -- 将字符"I"赋值给 R0,I 即 Interrupt 的缩写
2467: CALA 2200          -- 调用子程序,完成显示
2469: MVRR R0,R3         -- 将 R3 的内容送 R0
246A: CALA 2200          -- 调用子程序,完成显示
```

```
246C: POP R3                   --R3 出栈
246D: POP R0                   --R0 出栈
E 246E
* 246E: EF00(* IRET)           --中断返回(EF00)
```

9.10 显示
子程序

（3）用 A 命令从 2200H 单元开始输入显示字符的子程序。

此程序有两种写法：一种是通过判断接口的输出状态来决定 CPU 是否送下一字符；另一种事通过延时确保字符输出完毕，很明显第一种方案更能保证输出效率。

① 通过判断接口状态输出字符子程序：

```
2200:PUSH R0                   --R0 进栈
2201:IN 81                     --查询外部接口状态,判输出完成否
2202:SHR R0
2203:JRNC 2201                 --未完,循环等待
2204:POP R0                    --R0 出栈
2205:OUT 80                    --输出 R0 的值
2206:RET
```

② 通过延时保证字符完整输出：

```
2200: PUSH R0                  --R0 进栈,保护现场
2201: MVRD R13,0FFF            --接下来的 3 行汇编为延迟语句
2203: DEC R13
2204: JRNZ 2203
2205: POP R0                   --不同优先级中断嵌套过程中彼此干扰,恢复现场子程序返回
2206: OUT 80
2207: RET
```

（4）编写主程序。

从地址 2000H 开始输入下列主程序：

```
E 2000
* 2000:6E00(* EI)              --主程序开中断,即使能中断
A 2001:
2001: MVRD R0,004D             --将字符"M"的 ASCII 码送寄存器 R0
2003: OUT 80                   --通过串行接口输出 R0 的内容到 PC 的屏幕
2004: CALA 2200                --调用地址为 2200 的子程序
2005: JR 2001                  --无条件跳转到 2001 循环执行该程序
2006: RET                      --子程序返回
```

（5）运行主程序，等待、响应中断。

用 G 2000 命令运行主程序。

屏幕将连续显示字符"M"，在程序执行过程中按下教学计算机右下方任意一个无锁按键，教学计算机转向执行本级中断服务程序，在屏幕上显示"BI"和按下的键对应的中断优先级的字符（"1""2""3"），然后等待按下键盘的任意按键，再显示"EI"和对应的中断优先级字符（"1""2""3"），退出当前级的中断服务程序，返回上一断点，直到返回主程序显示字符"M"。若在执行优先级稍低的中断时，又有更高一级的中断请求，则教学计算机转向执行高一级的中断服务程序，执行完后接着执行低级中断，直到返回继续执行主程序。

注意：若当前正在执行高优先级的中断，则低优先级的中断不会得到响应。

9.3.4 实验运行环境

教师首先检查教学计算机中装载的是不是全指令，清华大学科教仪器厂的 TEC-XP 实验系统在出厂时，硬布线控制方式装载的基本指令集对应的实验方式选择开关是 00110；微

程序控制方式装载的包括基本指令集和扩展指令集对应的实验方式选择开关是 00010,而本实验中需要用到 EI、IRET 等扩展指令,因此需要使用微程序的控制方式。

9.3.5 实验要求与实验报告

实验之前认真预习,明确实验目的和具体实验内容,明确中断的几个概念,设计好中断程序,做好实验之前的必要准备。

想好实验的操作步骤,明确可以通过实验学到哪些知识,以及如何有意识地提高教学实验的真正效果。

在教学实验过程中,要爱护教学实验设备和用到的辅助仪表,记录实验步骤中的数据和运算结果,仔细分析遇到的现象与问题,找出解决问题的办法,有意识地提高自己的创新思维能力。

实验之后认真写出实验报告,重点是预习时准备的内容、实验数据、实验结果的分析讨论、实验过程,以及遇到的问题和解决问题的办法,自己的收获体会,对改进教学实验安排的建议等。

9.4 仿真软件操作步骤

9.4.1 PC 安装版虚拟仿真软件操作步骤

9.11 虚拟
仿真软件

(1) 根据操作系统位数,安装 PC 安装版的中断仿真系统并启动软件,如图 9.6 所示。

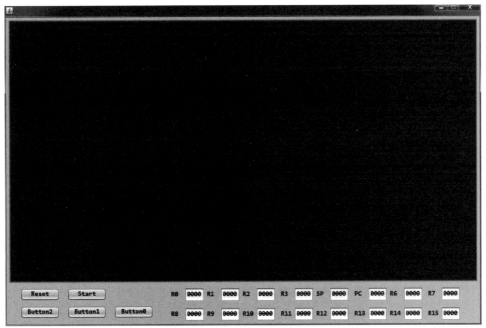

图 9.6 客户端版中断仿真系统主界面

(2) 填写中断向量表,如图 9.7 所示。

(3) 用 A 命令、E 命令输入中断服务程序,如图 9.8 所示。

(4) 用 A 命令从 2200H 单元开始输入显示的子程序,如图 9.9 所示。

```
>A 2404
2404: JR 2420
2405:
>A 2408
2408: JR 2430
2409:
>A 240C
240C: JR 2440
240D:
```

图 9.7　编写实例中断向量表

```
>A 2420
2420: PUSH R0
2421: PUSH R3
2422: MVRD R3,0031
2424: JR 2450
2425:
```

(a) 右边中断源对应中断服务处理程序

```
>A 2430
2430: PUSH R0
2431: PUSH R3
2432: MVRD R3,0032
2434:
```

(b) 中间中断源对应中断服务处理程序

```
>A 2440
2440: PUSH R0
2441: PUSH R3
2442: MVRD R3,0033
2444: JR 2450
2445:
```

(c) 左边中断源对应中断服务处理程序

```
>E 2450
2450: 6E00
2451:
>A 2451
2451: MVRD R0,0042
2453: CALA 2200
2455: MVRD R0,0049
2457: CALA 2200
2459: MVRR R0,R3
245A: CALA 2200
245C: IN 81
245D: SHR R0
245E: SHR R0
245F: JRNC 245C
2460: IN 80
2461: MVRD R0,0045
2463: CALA 2200
2465: MVRD R0,0049
2467: CALA 2200
2469: MVRR R0,R3
246A: CALA 2200
246C: POP R3
246D: POP R0
246E:
>E 246E
246E: EF00
246F: A
```

(d) 3 个中断源对应中断服务处理程序公共片段

图 9.8　3 个中断源对应的中断服务处理程序

（5）用 A 命令、E 命令输入主程序，如图 9.10 所示。

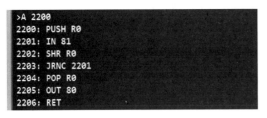

图 9.9　显示子程序

图 9.10　主程序

（6）运行效果截图如图 9.11 所示，首先运行主程序循环显示字符"6"，然后按照优先级从低到高依次触发右边按键、中间按键和左边按键，再依次按任意键返回，直到返回主程序。

图 9.11　运行效果截图

9.4.2　网页版虚拟仿真软件操作步骤

（1）访问在线页面，主界面如图 9.12 所示，按 Reset 和 Start 键进行联机，界面出现">"状态，可输入监控命令。左下角为 3 个中断源 Button1、Button2 和 Button3。在此以 9.4.1 节的程序为例在在线仿真系统中模拟演练。

图 9.12　网页版中断仿真系统主界面

（2）填写中断向量表，如图 9.13 所示。

（3）用 A 命令、E 命令输入中断服务程序，如图 9.14 所示。

图 9.13　编写实例中断向量表

(a) 右边中断源对应中断服务处理程序

(b) 中间中断源对应中断服务处理程序

(c) 左边中断源对应中断服务处理程序

(d) 3个中断源对应中断服务处理程序公共片段

图 9.14　3个中断源对应的中断服务处理程序

(4) 用 A 命令从 2200H 单元开始输入显示的子程序,如图 9.15 所示。

(5) 用 A 命令、E 命令输入主程序,如图 9.16 所示。

(6) 运行效果如图 9.17 所示,与客户端运行的效果一样。

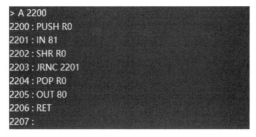

图 9.15　显示子程序

```
> E 2000
2000 : 6E00
2001 :
> A 2001
2001 : MVRD R0,0036
2003 : CALA 2200
2005 : JR 2001
2006 : RET
2007 :
```

图 9.16　主程序

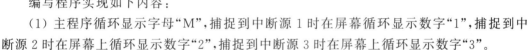

图 9.17　运行效果截图

9.4.3　思考题

编写程序实现如下内容：

（1）主程序循环显示字母"M"，捕捉到中断源 1 时在屏幕循环显示数字"1"，捕捉到中断源 2 时在屏幕上循环显示数字"2"，捕捉到中断源 3 时在屏幕上循环显示数字"3"。

（2）实现在中断显示的过程中，如果按下任意键则中断返回上一级程序继续运行。

（3）实验以优先级为主要依据的嵌套。

（4）编写独立的三段中断服务子程序。

9.12 思考题

第 10 章

I/O 接口通信实验

10.1 实验五讲解

10.2 实验目的

10.3 相关部件介绍

10.1 实验目的

(1) 学会 TEC-XP 实验系统串行口的扩展。

(2) 学会扩展后的串行口的配置和使用。

(3) 利用实验箱的两个串口实现一个实验箱模式下的两 PC 通信。

(4) 利用实验箱的两个串口实现两实验箱模式下的两 PC 通信。

10.2 实验设备与相关知识

10.2.1 实验设备

(1) 硬件平台：TEC-XP 实验系统。

(2) 软件平台：PCEC16.COM。

(3) 虚拟仿真平台：PC 安装版虚拟仿真系统；网页版虚拟仿真系统。

10.2.2 TEC-XP 串行接口

TEC-XP 教学计算机配置了两路串行接口：COM1 口和 COM2 口。这两个串口各自使用 1 片串行接口芯片 Intel 8251，共用 1 片实现电平转换的 MAX202 芯片，各自通过一个 D 型 9 芯的接插头与终端或 PC 的串口相连。

下面就 I/O 地址译码器、COM1 和 COM2 口的使用进行简要说明。

1. I/O 地址译码器

教学计算机中用 1 片 74LS138(DC4)芯片对地址总线的 AB7～AB4(I/O 端口地址的高 4 位)译码，产生 8 个译码信号，分别对应 I/O 地址从 80H～8FH 到 F0H～FFH。其中地址为 80H～8FH 的译码信号作为 16 位机的 COM1 口的片选信号，其他 7 个译码信号通过圆孔针引出，同时标出了其对应的 I/O 端口的地址范围。I/O 端口地址的低 8 位用于选择同一个接口中不同的寄存器。

2. COM1 口

COM1 口是系统默认的串行口，加电复位后，监控程序对其执行初始化，使 COM1 口的工作方式为波特率 9600、字符长度为 8 比特、无校验位、1 位的停止位,这样教学计算机就可通过 COM1 口与终端或 PC 仿真终端直接通信。

COM1 的 8251 芯片的片选信号/CS 由 DC4(74LS138)给出,对应 I/O 地址空间为 80H～8FH。其 C/$\overline{\text{D}}$ 引脚与地址总线最低位 AB0 相连,则 COM1 口的数据寄存器地址为 80H、控制与状态寄存器地址为 81H。用 I/O 读写指令 IN PORT、OUT PORT(PORT＝80H 或 81H)就可实现对 COM1 口的读写操作。

3. COM2 口

COM2 口用于用户扩展串行接口实验。COM2 的 8251 芯片的片选信号未连通,只在其左侧引出一个标有/CS 的插孔,扩展 COM2 口时,应将该插孔与标有 I/O /CS 的 7 个插孔中的一个相连,即为其分配数据寄存器、控制与状态寄存器的端口地址。其 C/$\overline{\text{D}}$ 引脚可以与地址总线最低位 AB0 相连。

COM2 口的读写命令、几个时钟信号等尚未全部接通,扩展实验中要由学生自行处理,实验人员还要自己写程序完成对该串行口的初始化操作,之后方可用 I/O 读写指令 IN PORT、OUT PORT(PORT 为 COM2 口数据寄存器、控制与状态寄存器地址)实现对 COM2 口的读写操作。

10.3 实验内容和步骤

10.3.1 实验说明

10.4 拓扑
连接介绍

TEC-XP 实验系统配置了两个串行接口 COM1 和 COM2。其中,COM1 口是系统默认的串行口,加电复位后,监控程序对其进行初始化,并通过该口与 PC 仿真终端相连,监控命令只能在这个 PC 上输入;而 COM2 口留给用户扩展用,可以在与之相连第二台 PC 仿真终端上执行字符的输入和显示。

了解串行接口芯片 8251 的复位、初始化、数据传输的过程。注意,每次对 8251 复位后(即按一次 RESET 键),都需要对其进行初始化(而且复位之后只能对串行口进行一次初始化),然后再进行正常的数据传输。

在使用 COM2 口时,需要从 I/O 片选译码器(标有 I/O/CS)的输出插孔中选择一个连接到 COM2 口(扩展串行接口)的片选信号引脚(/CS)。

10.3.2 实验操作步骤和内容

1. 实验内容

(1) 为扩展 I/O 口选择一个地址,把与 COM2 口相连的 8251 的/CS(SIO1 8251 芯片的上面)与标有/CS(IODC 74LS138)的一排插孔中的一个相连。

(2) 检查串行接口的 8251 芯片,若是没有安装请安装,但是要注意芯片的方向,最简单的方法是缺口和其他芯片一样。

(3) 将 COM2 口与一台运行有 Pcec16 的 PC 的串口相连。

(4) 用监控程序的 A 命令,编写一段小程序,先初始化 COM2 口,再向 COM2 口发送一些字符,也可从 COM2 口接收一些字符,或实现两个串口的通信。

10.5 8251
芯片介绍

2. 实验具体步骤

(1)为扩展 I/O 口选择一个地址:将与 COM2 口相连的 8251 的 /CS 与标有 I/O /CS 的插孔地址 A0~AF 相连。

(2)将教学计算机 COM1 口与一台 PC 相连,在 PC 上启动 PCEC16.EXE。

(3)断开 COM1 与 PC 的串口线,将其连接到另一台 PC 或同一台 PC 的另一个串口,同样启动 PCEC16.EXE。

(4)用另一根串口线将 COM2 口和第一台 PC 或同一台 PC 的另一个串口相连。

(5)在与 COM1 相连的 PCEC 上输入程序,这是主 PCEC 可以输入输出,和 COM2 连接的时从 PCEC 只作输出。

(6)用 A、G 等命令编程进行 COM2 口的操作。

程序 1:COM2 口初始化。

用 A 2000 命令输入如下程序:

```
A 2000↙
2000: MVRD R0,004E     ——给 R0 赋值 004E
2002: OUT A1           ——将 R0 的值输出到 COM2 口的 8251 中的寄存器中
2003: MVRD R0,0037     ——给 R0 赋值 0037
2005: OUT A1           ——将 R0 的值输出到 COM2 口的 8251 中的寄存器中
2006: RET              ——程序结束
2007↙
```

用 G 2000 命令运行这个程序,完成对 COM2 口的初始化。注意,每次按 RESET 键后,在使用 COM2 进行入出操作之前,都应运行该程序,并且按一次 RESET 键,只能对 COM2 口进行一次初始化操作,否则接口芯片将不能工作。

程序 2:选用 COM2 口对应的 PC 执行数据的输入/输出操作。

用 A 2040H 命令输入下一段程序:

```
2040: IN  A1           ——判断键盘上是否按了一个键
2041: SHR R0           ——即串行口是否有输入的字符
2042: SHR R0
2043: JRNC 2040        ——没有输入则循环测试
2044: IN A0            ——从 COM2 口读入字符到 R0
2045: OUT A0           ——将 R0 中的字符从 COM2 口输出
2046: JR  2040         ——转去输入下一个字符
2047: RET              ——程序结束
2048:↙
```

用 G 2040 命令运行程序,本 PC 屏幕将无任何显示,字符的输入/输出操作将通过与 COM2 口相连的 PC 的键盘和屏幕进行。此程序循环执行,需要通过重新启动教学计算机来结束,之后若希望再次运行这个程序,必须重新对 COM2 口初始化。

程序 3:选用 COM1 口对应的 PC 执行数据的输入/输出操作。

用 A 2060H 命令输入下一段程序:

```
2060: IN  81           ——判断键盘上是否按了一个键
2061: SHR R0           ——即串行口是否有输入的字符
2062: SHR R0           ——
2063: JRNC 2060        ——没有,则循环等待
2064: IN  80           ——接收字符
```

```
2065：OUT 80        -- 显示字符
2066：JR 2060       -- 转去输入下一个字符
2066：RET           -- 程序结束
2067：✓
```

　　用 G 2060 命令运行程序,可以在本 PC 键盘输入字符并在本 PC 屏幕上显示,此程序循环执行,需要通过重新启动教学计算机来结束。注意,在按 RESET、START 键重新启动教学计算机之后,再次执行 G 2060 运行程序 3 没有任何问题。但执行 G 2040 运行程序 2 却见不到与扩展接口连接的 PC 有任何反应,因为在按 RESET 键之后,还要再一次完成对扩展接口的初始化,这个接口才能进入运行状态。

　　程序 4:在 PC1 编程实现 PC1 输入,PC2 输出。

10.6 实例1

```
2100：IN 81
2101：SHR R0
2102：SHR R0
2103：JRNC 2100
2104：IN 80
2105：OUT 90
2106：JR 2100
2107：RET
```

　　程序 5:在 PC1 编程实现 PC2 输入,PC1 输出。

10.7 实例2

```
2200：IN 91
2201：SHR R0
2202：SHR R0
2203：JRNC 2200
2204：IN 90
2205：OUT 80
2206：JR 2200
2207：RET
```

　　两台教学计算机之间通过扩展的串行接口实现双机通信的实验,操作步骤如下:

　　① 为扩展 I/O 口选择一个地址,例如 A0 将与 COM2 口相连的 8251 的/CS 与标有 I/O/CS 的插孔中地址为 A0~AF 中的 A0 孔相连。

　　② 将一台教学计算机 COM1 口与一台 PC 相连,在 PC 上启动 PCEC16.EXE。

　　③ 将另一台教学计算机 COM1 口与另一台 PC 相连,同样启动 PCEC16.EXE。

　　④ 用一根串口线将第一台的教学计算机的 COM2 口和另一台教学计算机的 COM2 口相连。

　　⑤ 分别对两台教学计算机的扩展的串行接口完成初始化。

　　⑥ 在两台教学计算机上分别输入并运行如下程序。

　　从 2000H 单元开始输入下面的程序:

```
2000：MVRD R0,004E    -- 给 R0 赋值 004E
2002：OUT A1          -- 将 R0 的值输出到 COM2 口的 8251 中的寄存器中
2003：MVRD R0,0037    -- 给 R0 赋值 0037
2005：OUT A1          -- 将 R0 的值输出到 COM2 口的 8251 中的寄存器中
2006：IN 81           -- 检查本机键盘是否按了一个键
2007：SHR R0          -- 即串行口是否有输入的字符
2008：SHR R0
2009：JRNC 200D       -- 没有,则转去检查扩展接口的键盘有没有输入
```

```
200A: IN 80        -- 若本机键盘有输入则接收该字符
200B: OUT 80       -- 将键盘输入的字符在本机输出
200C: OUT A0       -- 从键盘输入的字符输出经扩展串口送到另一台教学计算机输出
200D: IN A1        -- 检查扩展串口相连的另一教学计算机对应PC键盘上是否按键
200E: SHR R0       -- 即串行口是否有了输入的字符
200F: SHR R0
2010: JRNC 2006    -- 没有,则转去判断本机键盘是否有输入
2011: IN A0        -- 若有,则接收
2012: OUT 80       -- 在本机输出
2013: JR 2006
2014: RET
```

该程序完成两台教学计算机的第2路串行接口扩展操作并完成该串口初始化,启动两台教学计算机,都运行这个程序,则两个键盘的输入同时显示在两个屏幕上,实现的是双机的双向通信功能。

这个程序的关键措施是交替检查教学计算机自己的两路串行口是否有字符输入,有则读取并通过两路接口输出,没有则转去检查另一路接口。

注意,每台教学计算机都只能检查与操作自己的串行口,而不能控制另一台教学计算机。

10.3.3 实验准备

实验会用到教学计算机主板上的扩展串行接口线路,要完成接线、串行接口的复位、初始化操作,并写出执行输入/输出操作的小程序,观察运行结果。可以使用同一台教学计算机的两路串行接口接通两台PC仿真终端,使其都可以执行输入/输出操作,也可以在两台教学计算机之间,通过扩展的串行接口实现双机通信。

10.3.4 实验要求与实验报告

实验之前认真预习,明确实验目的和具体实验内容,明确I/O及控制信号的关系,做好实验之前的必要准备。

想好实验的操作步骤,明确可以通过实验学到哪些知识,以及如何有意识地提高教学实验的真正效果。

在教学实验过程中,要爱护教学实验设备和用到的辅助仪表,记录实验步骤中的数据和运算结果,仔细分析遇到的现象与问题,找出解决问题的办法,有意识地提高自己创新思维能力。

实验之后认真写出实验报告,重点是预习时准备的内容、实验数据、实验结果的分析讨论、实验过程,以及遇到的现象和解决问题的办法。

10.8 虚拟
仿真软件

10.4 仿真软件操作步骤

本模拟器环境下,模拟串口I/O地址选择为90~9F,因此控制状态寄存器地址为91,数据寄存器地址为90。

接下来我们在仿真软件上实现判断一台PC是否有键输入,如果有则在另一台PC上显示出来完成以下两种模式的通信(两台PC连接在同一台实验箱上)。

10.4.1 PC 安装版虚拟仿真软件操作步骤

（1）客户端仿真系统实现 PC1 输入、PC2 输出实例，如图 10.1 所示。

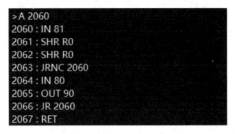

图 10.1 客户端仿真系统实现 PC1 输入、PC2 输出

运行结果如图 10.2 所示。

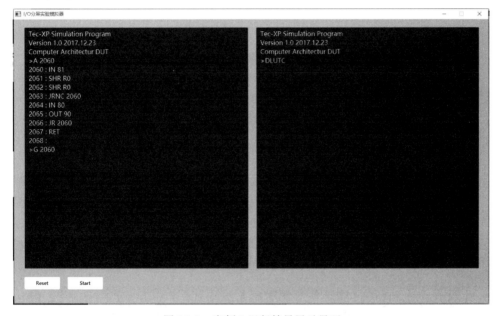

图 10.2 实例 1 运行结果展示界面

（2）客户端仿真系统实现 PC2 输入、PC1 输出实例，如图 10.3 所示。

图 10.3 客户端仿真系统实现 PC2 输入、PC1 输出

运行结果如图 10.4 所示。

（3）客户端仿真系统同时实现 PC1 和 PC2 的双向通信，如图 10.5 所示。

运行结果如图 10.6 所示。

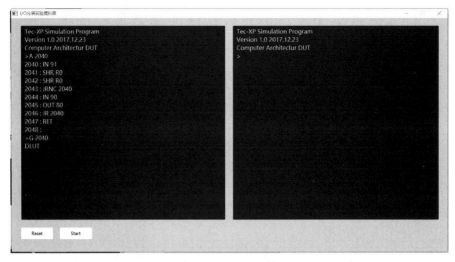

图 10.4　实例 2 运行结果展示界面

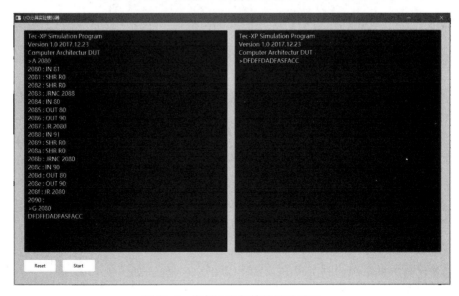

图 10.5　客户端仿真系统实现 PC1 和 PC2 双向通信

图 10.6　实例 3 运行结果展示界面

10.4.2 网页版虚拟仿真软件操作步骤

（1）访问在线页面。首先通过网页版仿真系统实现 PC1 输入、PC2 输出实例,如图 10.7 所示。

```
> A 2060
2060 : IN 81
2061 : SHR R0
2062 : SHR R0
2063 : JRNC 2060
2064 : IN 80
2065 : OUT 90
2066 : JR 2060
2067 : RET
```

图 10.7 网页版仿真系统实现 PC1 输入、PC2 输出

运行结果如图 10.8 所示。

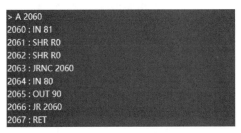

图 10.8 实例 1 运行结果展示界面

（2）网页版在线仿真系统实现 PC2 输入、PC1 输出实例,如图 10.9 所示。

```
> A 2040
2040 : IN 91
2041 : SHR R0
2042 : SHR R0
2043 : JRNC 2040
2044 : IN 90
2045 : OUT 80
2046 : JR 2040
2047 : RET
```

图 10.9 网页版仿真系统实现 PC2 输入、PC1 输出

运行结果如图 10.10 所示。

图 10.10 实例 2 运行结果展示界面

（3）网页版在线仿真系统同时实现 PC1 和 PC2 的双向通信，如图 10.11 所示。

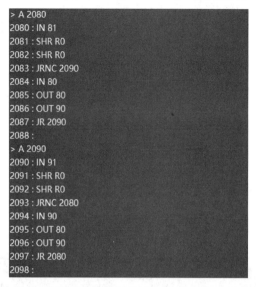

```
> A 2080
2080 : IN 81
2081 : SHR R0
2082 : SHR R0
2083 : JRNC 2090
2084 : IN 80
2085 : OUT 80
2086 : OUT 90
2087 : JR 2090
2088 :
> A 2090
2090 : IN 91
2091 : SHR R0
2092 : SHR R0
2093 : JRNC 2080
2094 : IN 90
2095 : OUT 80
2096 : OUT 90
2097 : JR 2080
2098 :
```

图 10.11 网页版仿真系统实现 PC1 和 PC2 双向通信

运行结果如图 10.12 所示。

图 10.12 实例 3 运行结果展示界面

10.9 思考题

10.4.3 思考题

（1）猜数游戏。PC1 输入一个 0～9 的数，PC2 进行数字输入猜数，如果等于 PC1 输入的数字，则程序输出 M(Match)程序结束，如果大于 PC1 输入的数字则输出 H(High)，PC2 继续输入，如果小于 PC1 输入的数字则输出 L(Low)，PC2 继续输入。

（2）字母数字分屏显示。在 PC1 上输入字母和数字，如果是字母则显示在 PC1 上，如果是数字则显示在 PC2 上。

第四部分

综合设计性实验

第 11 章

CHAPTER 11

FPGA 程序设计实验基础

11.1 实验目的

（1）了解 Xilinx 编程工具的使用方法，为"计算机系统开放实验"课程和"FPGA 实验"
课程打下基础。

（2）加深数字与模拟电路实验中数字电路的理解。

（3）学会设计 3-8 译码器电路。

（4）为在"计算机系统开放"课程中设计与实现 CPU 甚至模型机以及指令流水等做好
铺垫。

11.2 实验设备与相关知识

11.2.1 实验设备

（1）硬件平台：TEC-XP 实验系统。

（2）软件平台：Xilinx 配套的 ISE 集成开发环境。

11.2.2 VHDL 概述

VHDL(Very High Speed Integrated Circuit Hardware Description Language，超高速
集成电路硬件描述语言)借鉴高级程序设计语言的功能特性对电路的行为和结构进行高度
抽象化、规范化的形式描述，并对设计进行不同层次、不同领域的模拟验证与综合处理。
IEEE 已经公布了相应的国际标准，进一步推动了 VHDL 的广泛应用。

VHDL 是一种独立于实现技术的语言，提供了把新技术引进现有设计的潜力，覆盖了
逻辑设计的诸多领域和层次，支持众多的硬件模型。

VHDL 的硬件描述能力强，支持从系统级到门级电路的描述，支持多层次的混合描述，
支持电路的结构描述和行为描述；既支持自底向上(bottom-up)的设计，也支持自顶向下
(top-down)的设计；既支持模块化的设计，也支持层次化的设计；支持大规模设计中的分
解和设计重用。

VHDL 既支持同步电路，也支持异步电路；既支持同步方式，也支持异步方式；既支持

传输延迟，也支持惯性延迟。因此，VHDL可以更准确地建立复杂的电路硬件模型。

VHDL属于强类型语言，数据类型丰富，既支持预定义的数据类型，也支持自定义的数据类型。

VHDL支持进程和函数的概念，有助于设计者组织描述和对行为功能的进一步分类。

VHDL的类属提供了向设计实体传送环境信息的能力，断言语句可用来描述设计本身的约束信息，支持直接在描述中书写错误条件和特殊约束，便于模拟调试，也为综合化简提供了重要信息。

VHDL的功能特别强大，在设计CPU系统的实例中，很多功能是用不到的，下面只简单地综述某些已经用到的概念和术语。

VHDL中的元件（component）是数字硬件结构的"未知方框"的抽象，通常由实体（entity）和结构体（architecture）两个概念共同描述，其中实体用于描述元件与外部环境的接口，其功能要到结构体的单元中定义，规定设计实体的输入和输出之间的关系。一个实体可以存在多个对应的结构体，它们可分别以行为、结构、数据流及各种方式的描述手段予以实现。

VHDL中的信号（signal）是数字电路中连线的抽象概念，是各元件、各进程之间通信的数据通路，信号的状态可能影响与信号相关的进程的运行，体现数字系统各单元的输入和输出的关系，信号可以是多个进程的全局信号。敏感信号是指其值发生变化时，会引起进程中的语句开始执行的那些信号，即它将激活相应进程。信号表示把元件的输入/输出端口连接在一起的连线，功能是保存变化的数据值和连接子元件，用信号类对象可以把实体连接在一起形成模块，向信号赋值用字符"＜＝"实现，信号赋值可以有延迟，可以有历史信息和波形值等，进程对信号敏感，敏感信号会激活相应的进程。

VHDL中的变量（variable）和常量（constant）与信号是不同类型的对象，变量是用于对中间数据的临时存储，而常量则是固定的数据值，向变量赋值用字符"：＝"实现，变量只有当前值，进程对变量不敏感，变量只在它的程序之中可见（不能作为全局信号使用）。

VHDL中的进程（process）用于完成电路的行为描述，由一系列语句组成，是VHDL设计中进行功能描述的基本单元。进程之间、一个进程内的语句之间可以并发执行。为了体现不同执行在时间上的同步关系，引入了delta延迟和延迟进程两个概念，在我们设计的CPU系统中，没有显式地应用此概念，故不做更多的说明。

VHDL支持并调用函数，通常通过给出函数名和相应的参数即可。可以在源文件开头指出会使用到的设计库（library）的名字，library语句用于打开指定的设计库，例如：

```
library ieee;
```

将打开名字为ieee的库。

还可以使用use子语句使选定的名字成为可见，例如：

```
use ieee.std_logic_1164.all;
use ieee.std_logic_arith.all;
use ieee.std_logic_unsigned.all;
```

将包含在ieee包中的数据类型连接、算术运算、无符号数处理等有关的定义及函数成为可见，即在当前的设计中可以直接使用。

1. VHDL 语言特点

（1）多层次语言结构。

（2）可读性强。

（3）可仿真、检验。

（4）可移植。

2. 基本结构

一个 VHDL 设计实体由四大部分组成。

（1）库、程序包。一般为：

```
LIBRARY IEEE;                      IEEE 标准库
USE IEEE.STD_LOGIC_1164.ALL        打开一个程序包
```

（2）实体说明：它是设计实体模块的外部特征。

```
Entity 实体名称 is [generic(类属说明); ]
      [port(端口说明); ]
End[实体名称];
```

端口说明：说明输入和输出端口的数目和类型。

```
Port(
    端口名称：端口方式    端口类型
    {; 端口名称：端口方式    端口类型}
    );
```

端口方式可为 in（只可读）、out（只可赋值）、inout（双向）、buffer（与 out 类似，但可读）。端口类型为其数据类型，见后面介绍。

类属说明：用于确定实体或组件中定义的局部常数（一般不用）。

```
Generic(
    常数名称：类型[: = 值]
    {; 常数名称：类型[: = 值]}
    );
```

（3）结构体：它反映设计的内部实现。

```
architecture 结构体名 of 实体名 is
  {块说明语句}
begin
  {并行处理语句}
and[结构体名]
```

块说明语句包括信号（signal）说明（同 port 说明）、常数（constant）说明、类型（type）说明、子程序说明及它们的主体等。

并行处理语句见后面介绍，为主要部分。

（4）配置：指出实体的某种结构体描述方式。

```
Configuration 配置名 of 实体名 is
{配置说明语句}
{块配置语句}
End 配置名
```

3. 数据

（1）标识符。由大、小写字母（不分，但可能报 warning）、数字和下画线组成。

（2）数据对象，包括常量、变量和信号。

① 常量，例如：

```
Constant WIDTH:INTEGER: = 8;
Constant X: NEW_BIT: = 'X';
```

② 变量，例如：

```
variable A, B: BIT;
```

③ 信号，例如：

```
signal A, B: BIT; (它无输入、输出之分)
```

端口也是一种特殊的信号，但输出端口不可读，输入端口不可赋值。

（3）数据类型。VHDL 预定义了 BOOLEAN、BIT、INTEGER 等数据类型，它们在 STANDARD 程序包中说明。

① BOOLEAN：具有 FLASE 和 TRUE 两种值的枚举类型。

② BIT：具有'0'和'1'两种值。

BIT 与 BOOLEAN 的转换如下：

```
BIT→BOOLEAN:
  BOOLEAN_VAR: = (BIT_VAR = '1');
BOOLEAN→BIT:
  if(BOOLEAN_VAR)then BIT_VAN: = '1'
      else BIT_VAR: = '0':
      end if;
```

标准逻辑位 STD_ LOGIC，定义如下（STD_LOGIC_1164. ALL 中）：

```
TYPE std_logic is
          ('U',   未初始化的
           'X',   强未知的
           '0',   强 0
           '1',   强 1
           'Z',   高阻态
           'W',   弱未知的
           'L',   弱 0
           'H',   弱 1
           '-',  忽略
           );
```

BIT_VECTOR：位数组。

STD_LOGIC_VECTOR：标准逻辑数组。例如，

```
std_logic_vector(7 downto 0)
```

或

```
std_logic_vector (0 to 7)
```

CHARACTER：枚举了 ASSII 字符集。

③ INTEGER：表示所有的正和负整数（用 32 位表示，另外可定义短整数、无符号数等）。

（4）用户自定义类型。

① 枚举类型。

```
Type 类型名称 is (枚举文字{,枚举文字});
```

枚举编码从 0 开始按次序编码。

② 整数类型。

Type 类型名称 is range 整数范围;

标准包 std_logic_signed 和 std_logic_unsigned 中定义了整数与 Std_logic_vector 及 signed\\unsigned 之间的转化。

③ 数组类型。它是同种数据对象的集合。例如:

type BITE is array(7 downto 0)of BIT;

④ 记录类型。它是多种不同类型数据对象的集合。例如:

```
type BYTE_AND_IX is
Record
    BYTE: BYTE_VEC; 它应先定义为一个子类型
    IX: INTEGER range 0 to 8;
    End record;
```

4. 表达式

表达式由操作数和操作符等构成,如表 11.1 所示。

表 11.1　操作符表

运 算 类 型	操 作 符	含 义	优 先 级
乘除	Not	取反	从高到低
	Abs	取绝对值	
	**	取幂	
	*	乘	
	/	除	
	Mod	取模	
	Rem	取余	
一元	+	正	
	−	负	
加、减和合并	+	加	
	−	减	
	&.	合并	
关系	=	相等	
	/=	不等	
	<	小于	
逻辑	<=	小于或等于	
	>	大于	
	>=	大于或等于	
	And	逻辑与	
	Or	逻辑或	
	Nand	逻辑与非	
	Nor	逻辑或非	
	Xor	逻辑异或	

例如,设 A 和 B 为 8 位向量,可利用操作符把它们合并为 16 位向量:

$A\&B$

关系运算的返回为布尔值(BOOLEAN);逻辑运算的两个操作数必须为同一类型;可

使用圆括改变运算次序。

操作数包括标记符、集合、表达式、函数调用、类型转化等。操作数的位宽度取决于最大操作数的位宽度(一般各个操作数的位宽度应相同)。

11.2.3　VHDL 程序设计基础

VHDL 程序设计将设计对象(实体 entity)分成外部可见部分(实体名和连接)和内部部分(实体算法和实现)。每个实体可对应一个或多个结构体,由信号赋值语句、进程语句、组体例化语句等组成。

VHDL 结构体(architecture)有 3 种结构描述:

(1) 行为(behavioral)级描述。通过一组串行的 VHDL 进程,反映设计的功能和算法。

(2) 数据流(dataflow)级描述。将数据看成从设计的输入端流到输出端,对它的操作定义为用并行语句表示的数据形式的改变。

(3) 结构(structural)级描述。将设计看成多个功能块的互相连接,并且主要通过功能块的实例化来表示。

VHDL 的描述语句如下。

1. 顺序语句

1) 对象与赋值语句

对象:= 表达式;变量赋值,它是电路单元内部的操作,仅在进程内有效,立即更新数值
对象<= 表达式;变量赋值,它是电路单元间的互连,在整个系统有效,在每个进程结束后更新数值

共有 5 种对象:

(1) 简单名称,例 ALUOUT。

(2) 索引名称,例 X(0)。

(3) 片段名称,例 X(0 to 7)。

(4) 域名,例 my_record. a_field。

(5) 集合,例(my_var1,my_var2)。

对集合,可统一赋值,也可分别赋值。

2) if 语句

```
if 条件 then
  [{一组顺序语句}
elseif 条件 then]
  {一组顺序语句}
[else{一组顺序语句}]
end if;
```

3) case 语句

```
case 表达式 is
when 分支条件 =>{一组顺序语句}
when 分支条件 =>{一组顺序语句}
end case;
```

表达式求值的结果必须是整型、枚举型或数组,如 BIT_VECTOR。

分支条件的结果综合起来,必须包括它的所有可能取值,否则最后一个分支条件应设为

others。注意,有的编译软件要求最后一个分支条件一定为 others。这时可加入

```
when others = > null;
```

4) loop 语句

```
[标号: ][循环方式]loop{一组顺序语句}
    {next[标号][when 条件]; }
    {exit[标号][when 条件]; }
end loop[标号];
```

循环方式有 3 种类型,即 loop、while…loop 以及 for…loop,next 和 exit 语句仅用于 loop。

next 语句跳过当前 loop 的剩余部分,继续执行下一个 loop 循环。

exit 语句跳过当前 loop 的剩余部分,接着执行当前 loop 后的第一条语句。

5) 子程序

子程序必须是一个过程(无 return 值)或一个函数(有一个 return 值)。它包括声明和子程序体,对函数应有 return 语句。

过程调用:

```
procedure name [ ( [name = >]expression
        {; [name = >]expression})];
```

函数调用:

```
function name ([parameter_name = >]expression
        {,[parameter_name = >]expression});
```

【例 11-1】　位扩展为数组(要求执行 Z 等于 a(位)逻辑乘 data(数组),可先将 a(位)扩展为数组 sizeIt,然后执行 Z 等于 sizeIr 逻辑乘 data)。

```
function sizeIt (a:std_logic; len:integer) return std_logic_vector is variable rep: std_logic_
vector(len − 1 downto 0);
begin for I in rep'range loop rep(i): = a; end loop; return rep;
end sizeIt;
```

这时就可实现一位与一个数组的逻辑乘,例如 data 为 8(位)std_logic_vector,需逻辑乘以 en 送至 outp,则可如下编程:

```
outp < = sizeIt (en, 8) and data;
```

6) wait 语句

```
wait until signal = value;
wait until signal'event and signal = value;
wait until not signal'stable and signal = value;
```

wait 语句可用 if 语句来代替。在仿真时,常使用 wait 语句。

7) null 语句

无操作。

2. 并行描述语句

1) 进程语句

```
[标号: = ]process[(敏感表)]
    {进程声明项}
    begin{顺序语句}
    end process[标号];
```

敏感表是进程要读取的所有敏感信号（包括断口）的列表，用逗号分隔。

（1）同步进程（仅在时钟跳变求值）必定对时钟信号敏感。

（2）异步进程（当异步条件为真时可在时钟跳变求值）对时钟信号和影响异步行为的输入信号敏感。

【例 11-2】 定义一个 D 触发器（下述描述中，ck'event 表示 CK 的事件（↑或↓），故 ck'event and ck＝'1'表示上升沿，ck'event and ck＝'0'表示下降沿）。

```
process (ck)
begin
    if ck'event and ck = '1'then
    q < = d;
    end if;
    end process;
```

【例 11-3】 定义一个有异步复位/置位功能的 D 触发器。

```
kprocess (ck, reset, preset)
begin
    if reset = '0'then
      q < = '0';
    elseif preset = '0' then
      q < = '1';
  elseif ck'event and ck = '1' then
      q < = d;
    end if;
    end process;
```

2）块语句

```
标号：block[(表达式)]
              {块声明项}
        begin
            {并行语句}
        end block[标号];
```

表达式是块的保护（guard）条件，可在块中用 guard 来控制语句的执行。

3）组件实例化

组件也是一个实体，它可以在外部定义，也可在机构体内定义，它的定义方法如下：

```
component 标志
    [generic(类属声明); ]
    [port(端口声明); ]
    end component;
```

标志为该组件的名称；类属声明限定组件大小或定时的局部常量；端口声明确定输入输出端口的宽度和类型。

组件实例化是把具体组件安装到设计实体内部，包括具体端口的映射与类属参数值的传递。

```
实体名称：组件名称
    [peneric map(
        类属名称 = >表达式)]
      port map(
          端口名称 = >表达式{,[端口名称 = >]表达式}
          );
```

【例 11-4】 在 spartan-Ⅱ芯片实现一个 RAM 存储器。

Xilinx 提供有 spartan-Ⅱ 的各种 RAM 组件，需在结构体的声明中写入（以 8 位 *512RAM 为例）：

```
component RAMB4_S8
Prot(WE, EN, RST, CLK: in std_logic;
ADDR: in std_logic_vector(0 to 8);
DI: in std_logic_vector(0 to 7);          输入/输出数据线分开写
DO: out std_logic_vector(0 to 7));
end component;
```

在并行处理语句中写入：

```
RAM1:RAMB4_S8
Port map (WE => WR, EN => CS, RST =>'0', CLK => RCLK, -- 内部信号接外部信号
    ADDR => addrB, DI => DBB (7 downto 0);
      DO => DBY( 7 downto 0));
```

其中，WR 为写信号（1 有效），CS 为片选允许（1 有效），RCLK 为时钟，addrB 为地址总线，DBB 为输入数据总线，DBY 为输出数据总线。

4）设计实例

（1）寄存器。用来存放一组二进制代码的同步时序电路称为寄存器。由于触发器具有记忆功能，故可用触发器来构成寄存器，一般采用 D 触发器。

另一个与此相关的概念是锁存器，从寄存数据的角度来看，锁存器和寄存器功能相同。但锁存器是电位信号控制，寄存器是同步时钟控制。若有效的输出滞后于控制信号，则只能使用锁存器；若数据提前于控制信号到达，并要求同步操作，则用寄存器存放数据。例 11-5 给出了寄存器程序设计的例子。

【例 11-5】 带异步清零的寄存器。

```
Library ieee;
Use ieee.std_logic_1164.all;
Entity reg8bit is
Port(
    Signal clk, reset, load: in std_logic;
    Signal din: in std_logic_vector(7 downto 0);
    Signal dout: out std_logic_vector(7 downto 0)
    );
End reg8bit;
Architecture behavior of reg8bit is
Signal n_state, p_state: std_logic_vector(7 downto 0);
Begin
    Dout <= p_state;
Com: process (p_state, load, din)
Begin
N_state <= p_state;
If(load = '1')then
    N_state <= din;
End if;
End process;

State; process(clk, reset)
Begin
```

```
       If(reset = '0')then
         P_state < = (others = >'0');
     Elseif(clk'event and clk = '1')then
         P_state < = n_state;
         End if;
         End process state;
         End behavior;
```

在 state 所示的进程中，只要 reset＝'0'有效，输出便会异步清零。正常工作状态为时钟上升沿来临时输出数据。数据内容由 com 进程决定：load＜＝'1'相当于数据置位，从信号 din 读入数据；否则输出值不变。

（2）移位器。输入/输出接口常使用移位寄存器，可以实现字节输入、位输出的"并→串"转换；也可以完成位输入、字节输出的"串→并"转换。

现代通信中广泛使用的均衡器、信道编码、译码器、伪随机序列发生器以及当今流行的扩频通信等，也都少不了使用多级的移位寄存器。例 11-6 为移位寄存器的程序设计。

【例 11-6】 4 位移位寄存器。

```
Library ieee;'
Use ieee.std_logic_1164.all;
Entity shift4 is
Port(
    Signal clk,reset:in std_logic;
    Signal din: in std_logic;
    Signal dout: out std_logic
    );
    End shift4
Architecture behavior of shift4 is
    Signal n_state, p_state: std_logic_vector(3 downto 0);
Begin
    Dout < = p_state (3);
State; process(clk,reset)
  Begin
  f(reset = '0')then
  P_state < = (others = >'0');
Elseif(clk'event and clk = '1')then
  P_state < = n_state;
End if;
    End process;
Com: process(p_state, din)
  Begin
  N_state (0) < = din;
  For I in 3downto 1 loop
  N_state (i)< = p_state (i-1):
  End loop;
  End process;
  End behavior;
```

11.3 实验内容和步骤

11.3.1 实验说明

TEC-XP 是典型的双 CPU 结构的实验系统，左边是 MACH 芯片实现控制器、Am2901 芯片以及其他芯片组成的 CPU，右边是一块 Xilinx 公司出品的 FPGA 芯片，其中一些引脚已经做了布线,跟左边的 CPU 结构共用实验系统上的总线、开关和 LED 显示灯等器件。

FPGA 芯片很高的集成度和现场可编程特性,为完成各种简单或者复杂的电子线路实验提供了坚实的物质基础,各种功能强大的硬件描述语言和仿真软件为线路设计、调试提供了高效、便捷的手段,使得许多过去被认为很复杂、难以完成的工程项目变得相对容易。例如,相对更简单的组合逻辑线路或时序逻辑线路可以在 FPGA 芯片中完成,完整、复杂的 CPU 系统也可以在单个 FPGA 芯片中实现。

本节主要完成简单的组合逻辑电路(包括三人表决电路、一位全加器电路、两位乘法器和多路数据选择器等),为在"计算机系统开放"课程中设计与实现 CPU、模型机以及指令流水等打下基础。

实验要求:

(1)掌握 Xilinx 公司 ISE 开发平台的使用方法。

(2)掌握使用 VHDL 编写、编译程序的过程以及芯片引脚分配的方法。

(3)掌握 Xilinx 芯片 8 个开关和 8 个 LED 灯对应的引脚号。

(4)掌握基本和简单必要的 VHDL 语法。

11.3.2　实验操作步骤和内容

(1)建立工程时,相关参数设定。

(2)建立 8 个开关和 8 个 LED 灯分别对应 Xilinx 芯片引脚的锁定文件(*.UCF)。

(3)参考课件掌握基本的 VHDL 语法。

(4)画出 3-8 译码器真值表。

(5)用 VHDL 语言编写 3-8 译码器逻辑,并进行 1 个使能开关、3 个输入开关和 8 个 LED 灯的绑定。

(6)下载 TEC-XP 实验平台并根据真值表进行验证。

运行桌面 Xilinx ISE 9.1i 图标,如图 11.1 所示。

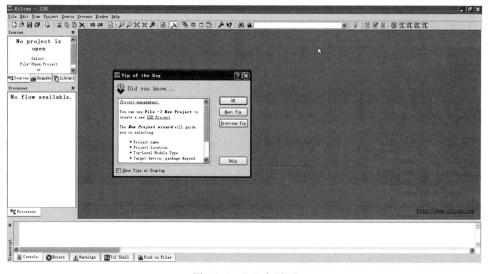

图 11.1　ISE 主界面

1. 建立项目

在 File 中选择 New Project 命令,如图 11.2 所示,输入 Project Name 为 czz。

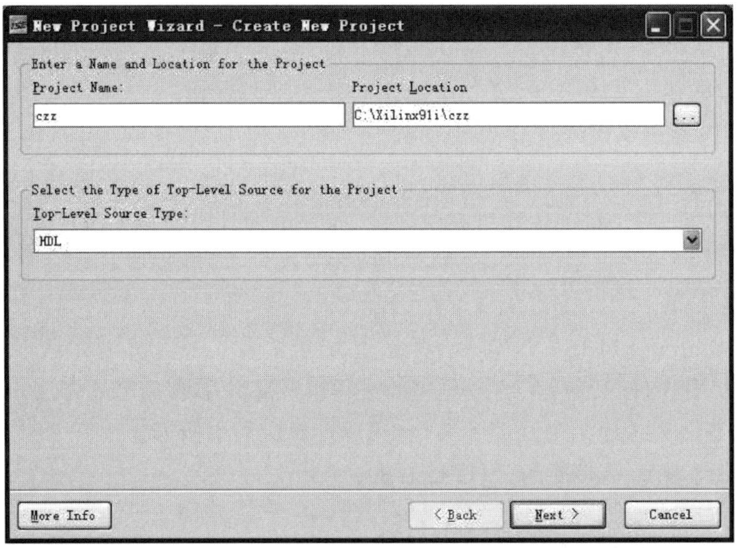

图 11.2　建立工程及路径选择

注：此处工程名和路径一定不能有中文,不能以数字开头,也不能全是数字。

单击 Next 按钮,在弹出的参数设定界面中选择 Family 为 Spartan2,Device 为 XC2S200,Pakage 为 PQ208,如图 11.3 所示。

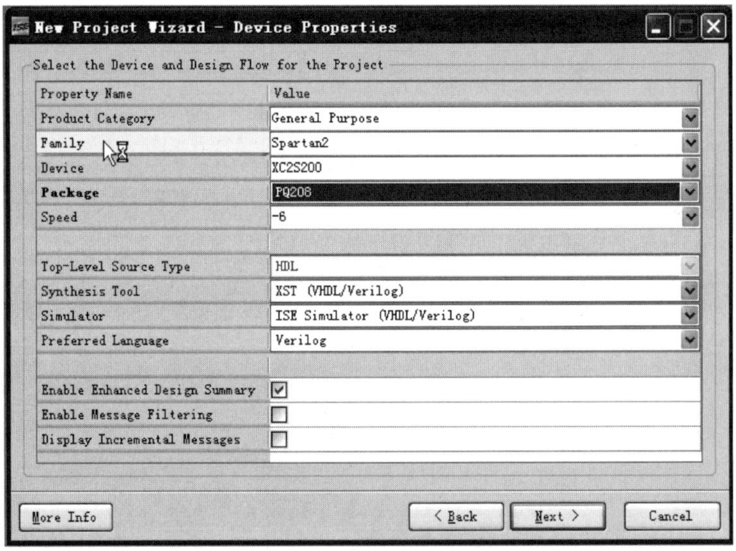

图 11.3　参数设置界面

2. 输入源程序

在 Project 中选择 New Source,选择 VHDL Module。以后可按提示输入 port 等,也可直接在文件中输入 VHDL 程序,如图 11.4～图 11.8 所示。

注：此处文件名一定不能有中文,不能以数字开头,也不能全是数字。

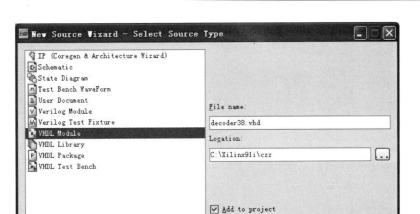

图 11.4 创建源文件界面

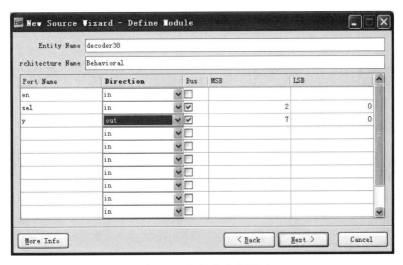

图 11.5 初始化成员界面

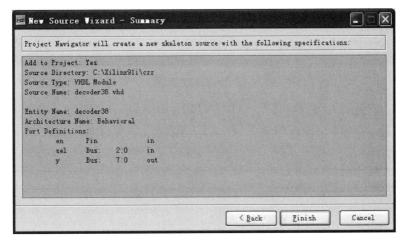

图 11.6 确认源文件信息界面

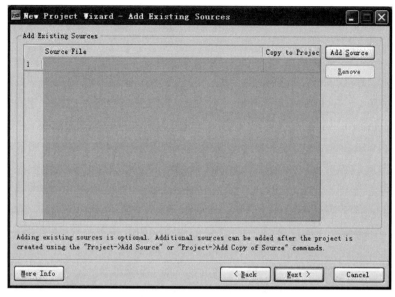

图 11.7　添加已有文件

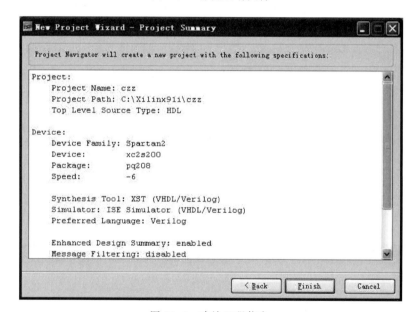

图 11.8　确认工程信息

在如图 11.9 所示的编程窗口可以对用 VHDL 语言编写的程序进行编辑和修改。

【例 11-7】　3-8 译码器（en 为控制端；sel 为输入；y 为输出）。

```
Library ieee;
Use ieee.std_logic_1164.all;
Entity dec is
Port (
    Signal sel:in std_logic_vector (2 downto 0);
    Signal en: in std_logic;
    Signal y: out std_logic_vector (7 downto 0)
);
```

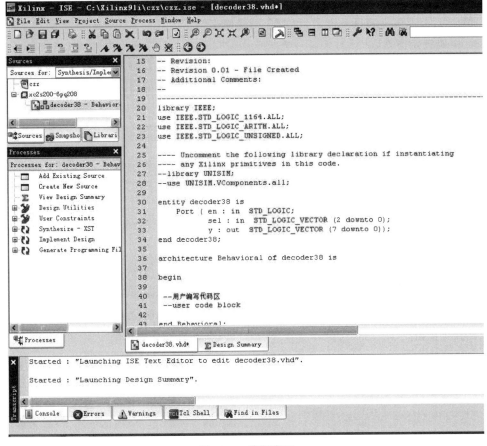

图 11.9　编程窗口

```
End dec;
Architecture behavior of dec is
Begin
Process (sel, en)
Begin
    Y < = "11111111";                              -- "< = "表示赋值,多位数用双引号
    If(en = '1')then                               --1 位数用单引号
    Case sel is
        When"000" = > y (0) < = '0';               -- " = >"表示执行何种操作
        When"001" = > y (1) < = '0';
        When"010" = > y (2) < = '0';
        When"011" = > y (3) < = '0';
        When"100" = > y (4) < = '0';
        When"101" = > y (5) < = '0';
        When"110" = > y (6) < = '0';
        When others = > y (7) < = '0';
    End case;
        End if;
        End process;
            End behavior;
```

程序中,en 为使能信号,只有当使能信号有效时,才能根据 sel 信号的值译出正确的
输出。

注意,程序中必须有一条赋值语句 y<="11111111",一般称为默认语句,完成对输出信号的赋值,否则当不满足条件时,可能会出现输出不定等异常错。

3. 引脚锁定方法

在实验中,所使用的外部引脚已连接好,因此必须加以锁定。锁定方法如下：在 Process for Current Source 窗口中,光标指向 User Constraints 行,单击＋,在其中选择 Edit Constraints(Text)指向引脚锁定文件(扩展名为.ucf),如图 11.10 所示。

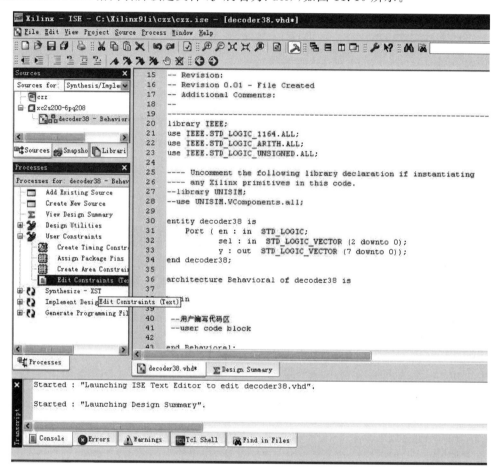

图 11.10　创建文本形式的引脚锁定文件(UCF)

在 VHDL 程序中,所有锁定的引脚都应该定义并有效使用。有时,一个引脚(port)已定义并使用,但在综合优化时被删除了,这时在实现布线时会报错。如果不使用某些引脚,可在引脚锁定文件(扩展名为.ucf)中注释掉它们(在定义行前加#),或把它们输出至某些不使用的引脚,如图 11.11 所示为编写 UCF 文件窗口。

```
NET "sel<0>" LOC = "P94";
NET "sel<1>" LOC = "P95";
NET "sel<2>" LOC = "P96";
NET "en" LOC = "P97";

NET "Y<0>" LOC = "P58";
NET "Y<1>" LOC = "P59";
```

```
NET "Y < 2 >" LOC = "P60";
NET "Y < 3 >" LOC = "P61";
NET "Y < 4 >" LOC = "P62";
NET "Y < 5 >" LOC = "P63";
NET "Y < 6 >" LOC = "P68";
NET "Y < 7 >" LOC = "P69";
```

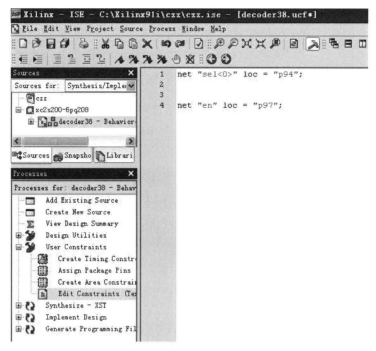

图 11.11　编写 UCF 文件窗口

4. 编译生成下载文件

将焦点目标选中 VHDL 源文件，依次单击 Processes 窗口下的 Synthesize、Implement Design 和 Generate Programming Files 生成可下载的二进制 bit 文件。

5. 下载方式选择

双击如图 11.12 所示桌面图标"TEC 烧写工具"，打开桌面专用烧写工具，如图 11.13 所示，烧写配置如图 11.14 所示。

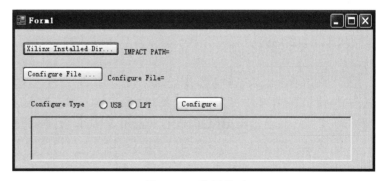

图 11.12　TEC 烧写
　　　　　工具

图 11.13　烧写界面

图 11.14　烧写参数设置界面

11.3.3　实验准备

前边已经阐述了 TEC-XP 是典型的双 CPU 实验系统,完成部件实验的过程中采用的左边 MACH 控制芯片和 Am2901 芯片等组成的 CPU,而要使用 FPGA 进行设计,需要对实验系统的 CPU 进行切换,如图 4.1 所示,RESET 键上方有拨动开关(上拨为 FPGA,下拨为 NFP),在做 FPGA 设计实验需要将此开关上拨至 FPGA 模式下。

另外,在下载的过程中,需要特殊的并口下载线,而不是与实验系统连接 PC 的仿真软件共用串口,所以需要提前连接下载线。

11.3.4　实验要求与实验报告

实验之前认真预习,明确实验目的和具体实验内容,明确 I/O 及控制信号的关系,做好实验之前的必要准备。

想好实验的操作步骤,明确可以通过实验学到哪些知识,以及如何有意识地提高教学实验的真正效果。

在教学实验过程中,要爱护教学实验设备和用到的辅助仪表,记录实验步骤中的数据和运算结果,仔细分析遇到的现象与问题,找出解决问题的办法,有意识地提高自己创新思维能力。

实验之后认真写出实验报告,重点是预习时准备的内容、实验数据、实验结果的分析讨论、实验过程,以及遇到的现象和解决问题的办法。

11.3.5　思考题

(1) 画出三人表决电路原理图(三输入和二输入(两片 74LS00))。

(2) 使用 VHDL 语言实现三人表决电路三输入和二输入(两片 74LS00)。

(3) 画出一位全加器电路原理图,并使用 VHDL 语言实现一位全加器电路。

(4) 画出两路数据选择器电路原理图(74LS153),并使用 VHDL 实现两路数据选择器(用一个开关设定哪一路导通)。

(5) 画出两位二进制乘法器电路原理图,并用 VHDL 实现两位二进制乘法器。

第 12 章
CHAPTER 12

FPGA 程序设计实验——时序

驱动的六十进制计数器

12.1 实验目的

(1) 加深 Xilinx 编程工具的使用方法,为"计算机系统开放实验"课程和"FPGA 设计"课程打下基础。

(2) 学会使用平台时钟设计带时序的电路,并会用 VHDL 对时钟进行分频。

(3) 学会设计六十进制计数电路。

12.2 实验设备与相关知识

12.2.1 实验设备

(1) 硬件平台:TEC-XP 实验系统。

(2) 软件平台:Xilinx 配套的 ISE 集成开发环境。

12.2.2 平台时序部分

TEC-XP 实验系统自有晶振,节拍逻辑与时序控制信号形成部件选用了 GAL20V8 现场可编程器件和 MACH 器件,且时钟绑定在实验箱 START 键上。

节拍发生器 Timing 用于使用几个触发器的不同的编码状态来区分和标示指令的执行步骤,指令执行步骤的衔接是通过节拍发生器的编码状态转换完成的。在教学计算机中,节拍发生器 Timing 选用一片简单 PLD 器件 GAL20V8 芯片实现。

时序控制信号产生部件用于产生并提供每一条指令的每一个执行步骤使用的全部时序控制信号,它要依据指令寄存器的操作码和节拍发生器的状态编码信号,可能还有运算器运算产生的标志位信号(C、Z、S)等,通过由与_或两级门电路产生并提供出一条指令的一个执行步骤使用的全部控制信号,这些信号可以直接送到每个被控制对象,或者经过译码器送到被控制对象。在教学计算机中,时序控制信号产生部件选用一片有 100 个引脚的 CPLD 器件实现,两个译码器选用 3-8 译码器 74LS138 芯片实现。

12.3 实验内容和步骤

12.3.1 实验说明

TEC-XP 是典型的双 CPU 结构的实验系统，左边是 MACH 芯片实现控制器、Am2901 芯片以及其他芯片组成的 CPU，右边是一块 Xilinx 公司出品的 FPGA 芯片，其中一些引脚已经做了布线，与左边的 CPU 结构共用实验系统上的总线、开关和 LED 灯等器件，后期又通过实验箱背板焊接将芯片的 8 个引脚连接 8 个开关 SWL7～SWL0 和 8 个灯 testled。

本节主要完成简单的实验箱时序控制的六十进制计数器组合逻辑电路，为在"计算机系统开放"课程中设计与实现 CPU、模型机以及指令流水等打下基础。

实验要求：

(1) 掌握 Xilinx 公司 ISE 开发平台的使用方法。

(2) 掌握基本的 VHDL 语法，并能使用 VHDL 编写、编译程序的过程。

(3) 掌握 Xilinx 芯片 8 个开关和 8 个 LED 灯对应的引脚号及芯片引脚分配的方法。

(4) 掌握时钟分频和六十进制计数的编程方法。

12.3.2 实验操作步骤和内容

1. 建立工程

需要满足与第 11 章一样的规则和相关参数设定。

在 Project 中选择 New Source，选择 VHDL Module。双击 Next 按钮，按提示输入 port 成员。带时序的六十进制计数器程序包括 4 个成员：clk 是实验平台的时钟；rst 是实验平台的复位开关，在程序中实现对六十进制的十位和个位进行复位；LedH 是用二进制表示的六十进制的十位；LedL 是用二进制表示的六十进制的个位。通过图形化界面的方式直接声明以上 4 个成员，如图 12.1 所示。

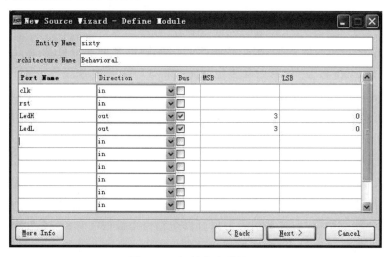

图 12.1 初始化成员界面

2. 输入源程序

创建 VHDL 源程序文件 sixty.vhd,在编程窗口直接进行编程。程序分成两段:第一段是对实验平台的时钟频率进行分频;第二段是在分频之后的时钟驱动下六十进制计数器的跳变逻辑,如图 12.2 所示。

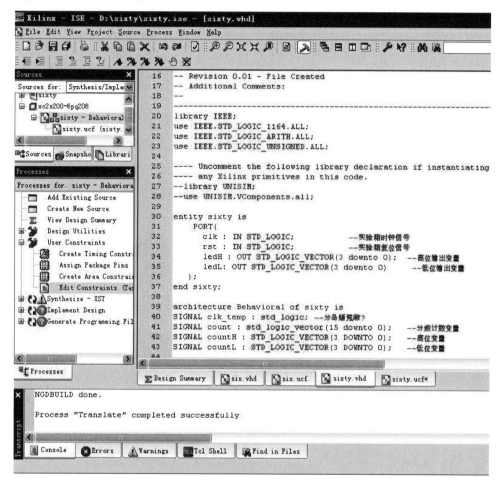

图 12.2 六十进制计数器源程序编程窗口

```
library IEEE;
use IEEE.STD_LOGIC_1164.ALL;
use IEEE.STD_LOGIC_ARITH.ALL;
use IEEE.STD_LOGIC_UNSIGNED.ALL;


---- Uncomment the following library declaration if instantiating
---- any Xilinx primitives in this code.
-- library UNISIM;
-- use UNISIM.VComponents.all;

entity sixty is
    PORT(
        clk : IN STD_LOGIC;                          -- 实验箱时钟信号
        rst : IN STD_LOGIC;                          -- 实验箱复位信号
        ledH : OUT STD_LOGIC_VECTOR(3 downto 0);     -- 高位输出变量
```

```
        ledL:OUT STD_LOGIC_VECTOR(3 downto 0)              -- 低位输出变量
    );
end sixty;

architecture Behavioral of sixty is
SIGNAL clk_temp : std_logic;                               -- 分频后的时钟
SIGNAL count : std_logic_vector(15 downto 0);              -- 分频计数变量
SIGNAL countH : STD_LOGIC_VECTOR(3 DOWNTO 0);              -- 高位变量
SIGNAL countL : STD_LOGIC_VECTOR(3 DOWNTO 0);              -- 低位变量


Begin

    PROCESS(clk)
    BEGIN
        IF (clk'event AND clk = '1') THEN
            IF(count = "1111111111111111") THEN             -- 分频
                count <= (OTHERS =>'0');
                clk_temp <= NOT clk_temp;
            ELSE
                count <= count + 1;
            END IF ;
        END IF ;
    END PROCESS;

    PROCESS(clk_temp, rst)
    BEGIN
        IF rst = '1' THEN
            countL <= "0000";                               -- 高位清零
            countH <= "0000";                               -- 低位清零
        ELSIF clk_temp'event AND clk_temp = '1' THEN
            countL <= countL + 1;
            IF countL = "1001" then countL <= (OTHERS =>'0');
                countH <= countH + 1;
                    if countH = "0101"then countH <= (OTHERS =>'0');
                    end if;
            end IF;
        END IF;
        ledH <= countH;
        ledL <= countL;
    END PROCESS;
end Behavioral;
```

程序中，clk 为实验平台的时钟信号，要想清楚地观察到六十进制计数器的计数过程，首先要将时钟分频，因此第 1 个 Process 实现的功能是，当 clk 碰到一次上升沿时 count 加 1，当 count 累积到一定数值时将 clk_temp 翻转一次形成驱动六十进制计数的时钟。第 2 个 Process 实现的是在分频后的时钟驱动下个位不断地累加并进位，十位也不断地累加直到累积到 59，下一次又重新跳变成 0 重新累计，如在累计任意过程中触发 rst 信号，则十位、个位均清零。

3. 引脚锁定方法

在实验中，所使用的外部引脚已连接好，因此必须加以锁定。clk 是实验平台时钟信号，绑定在 START 键上；rst 是复位信号，绑定在 REAST 键上；LedH 和 LedL 分别绑定在 8 个 testled 上。UCF 文件定义如图 12.3 所示。

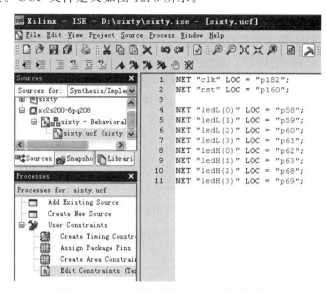

图 12.3 六十进制计数 UCF 文件编写窗口

4. 下载到 TEC-XP 实验平台并根据真值表进行验证

可以观察到数码管不断地循环显示 0~59,如图 12.4 所示。

图 12.4 下载演示界面

12.3.3 实验准备

前边已经阐述,TEC-XP 是典型的双 CPU 实验系统,完成部件实验的过程中采用的左边 MACH 控制芯片和 Am2901 芯片等组成的 CPU,而要使用 FPGA 进行设计,需要对实验系统的 CPU 进行切换,将图 4.1 中 RESET 键上方的拨动开关上拨至 FPGA 模式下即可。

另外,在下载的过程中,需要特殊的并口下载线,而不是与实验系统连接 PC 的仿真软件共用串口,所以需要提前连接下载线。

12.3.4 实验要求与实验报告

实验之前认真预习,明确实验目的和具体实验内容,明确 I/O 及控制信号的关系,做好实验之前的必要准备。

想好实验的操作步骤，明确可以通过实验学到哪些知识，以及如何有意识地提高教学实验的真正效果。

在教学实验过程中，要爱护教学实验设备和用到的辅助仪表，记录实验步骤中的数据和运算结果，仔细分析遇到的现象与问题，找出解决问题的办法，有意识地提高自己创新思维能力。

实验之后认真写出实验报告，重点是预习时准备的内容、实验数据、实验结果的分析讨论、实验过程，以及遇到的现象和解决问题的办法。

12.3.5　思考题

设计带时序的 8 路彩灯电路原理图。

第13章
CHAPTER 13

FPGA 程序设计实验——
时序驱动的 8 路彩灯实验

13.1　实验目的

(1) 加深 Xilinx 编程工具的使用方法,为"计算机系统开放实验"课程和"FPGA 设计"课程打下基础。

(2) 学会使用平台时钟设计带时序的电路,并会用 VHDL 对时钟进行分频。

(3) 学会用 VHDL 设计 8 路彩灯实验电路。

13.2　实验设备与相关知识

13.2.1　实验设备

(1) 硬件平台：TEC-XP 实验系统。

(2) 软件平台：Xilinx 配套的 ISE 集成开发环境。

13.2.2　平台时序部分

TEC-XP 实验系统自有晶振,节拍逻辑与时序控制信号形成部件选用了 GAL20V8 现场可编程器件和 MACH 器件,且时钟绑定在实验箱 START 键上。

节拍发生器 Timing 用于使用几个触发器的不同的编码状态来区分和标示指令的执行步骤,指令执行步骤的衔接是通过节拍发生器的编码状态转换完成的。在教学计算机中,节拍发生器 Timing 选用一片简单 PLD 器件 GAL20V8 芯片实现。

时序控制信号产生部件用于产生并提供每一条指令的每一个执行步骤使用的全部时序控制信号,它要依据指令寄存器的操作码和节拍发生器的状态编码信号,可能还有运算器运算产生的标志位信号(C、Z、S)等,通过由与_或两级门电路产生并提供出一条指令的一个执行步骤使用的全部控制信号,这些信号可以直接送到每个被控制对象,或者经过译码器送到被控制对象。在教学计算机中,时序控制信号产生部件选用一片有 100 个引脚的 CPLD 器件实现,两个译码器选用 3-8 译码器 74LS138 芯片实现。

13.3　实验内容和步骤

13.3.1　实验说明

TEC-XP 系列实验平台是双 CPU 结构的实验系统,左边是 MACH 芯片实现控制器、Am2901 芯片以及其他芯片组成的 CPU,右边是一块 Xilinx 公司出品的 FPGA 芯片,其中一些引脚已经做了布线,与左边的 CPU 结构共用实验系统上的总线、开关和 LED 灯等器件,后期又通过实验箱背板焊接将芯片的 8 个引脚连接 8 个开关 SWL7～SWL0 和 8 个灯 testled。

本节主要完成简单的实验箱时序控制的 8 个 testled 多种状态循环显示组合逻辑电路,为在"计算机系统开放"课程中设计与实现 CPU、模型机以及指令流水等打下基础。

实验要求:

(1) 掌握 Xilinx 公司 ISE 开发平台的使用方法。

(2) 掌握基本的 VHDL 语法,并能使用 VHDL 编写、编译程序的过程。

(3) 掌握 Xilinx 芯片 8 个开关和 8 个 LED 灯对应的引脚号及芯片引脚分配的方法。

(4) 掌握时钟分频和 8 路彩灯状态迁移的 VHDL 编程方法。

13.3.2　实验操作步骤和内容

1. 建立工程

需要满足与第 11 章一样的规则和相关参数设定。

在 Project 中选择 New Source,选择 VHDL Module。双击 Next 按钮,按提示输入 port 成员。带时序的彩灯实验包括 3 个成员:clk 是实验平台的时钟;rst 是实验平台的复位开关,在程序中实现对 8 个 LED 灯进行复位;led 是对应 testled 的 8 个 LED 灯,用来对应显示彩灯的状态。通过图形化界面的方式直接声明以上 3 个成员,如图 13.1 所示。

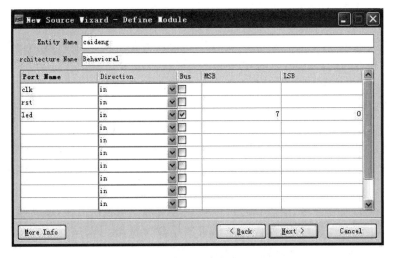

图 13.1　彩灯初始化成员界面

2. 输入源程序

创建 VHDL 源程序文件 caideng. vhd,在编程窗口直接进行编程,程序分成两段:第一段是对实验平台的时钟平率进行分频(与六十进制计数器一样);第二段是在分频之后的时钟驱动下彩灯实验状态迁移的跳变逻辑,如图 13.2 所示。

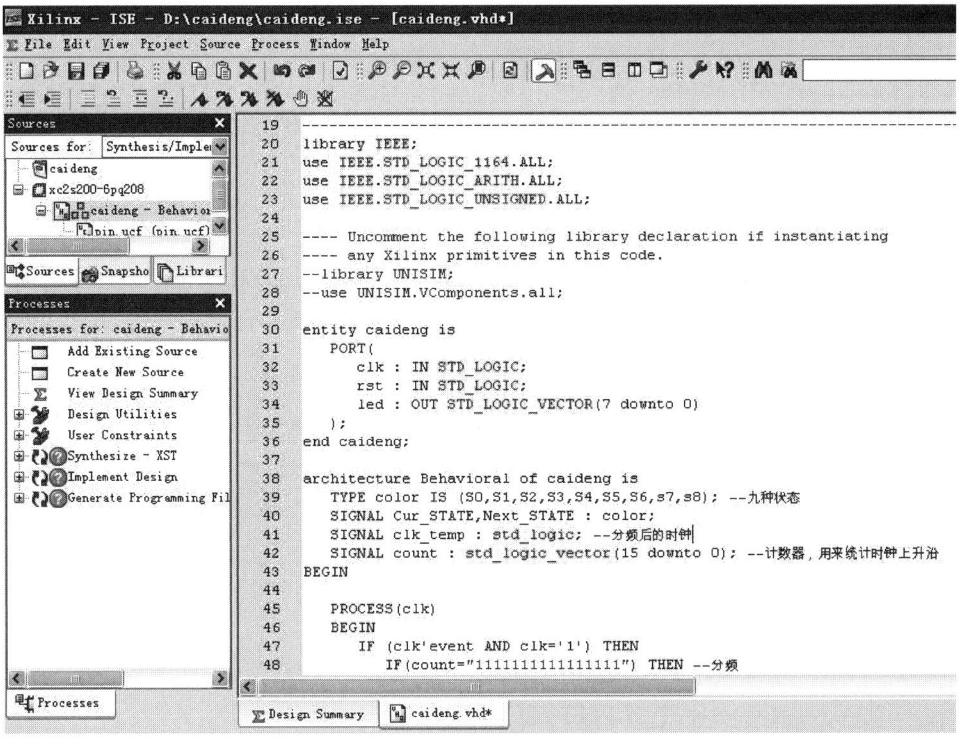

图 13.2 彩灯源程序编程窗口

```
library IEEE;
use IEEE.STD_LOGIC_1164.ALL;
use IEEE.STD_LOGIC_ARITH.ALL;
use IEEE.STD_LOGIC_UNSIGNED.ALL;


---- Uncomment the following library declaration if instantiating
---- any Xilinx primitives in this code.
-- library UNISIM;
-- use UNISIM.VComponents.all;

entity caideng is
    PORT(
        clk : IN STD_LOGIC;
        rst : IN STD_LOGIC;
        led : OUT STD_LOGIC_VECTOR(7 downto 0)
    );
end caideng;

architecture Behavioral of caideng is
    TYPE color IS (S0,S1,S2,S3,S4,S5,S6,s7,s8);      -- 九种状态
    SIGNAL Cur_STATE,Next_STATE : color;
    SIGNAL clk_temp : std_logic;                      -- 分频后的时钟
```

```
        SIGNAL count : std_logic_vector(15 downto 0);        -- 计数器,用来统计时钟上升沿
BEGIN

    PROCESS(clk)
    BEGIN
        IF (clk'event AND clk = '1') THEN
            IF(count = "1111111111111111") THEN        -- 分频
                count <= (OTHERS =>'0');
                clk_temp <= NOT clk_temp;
            ELSE
                count <= count + 1;
            END IF ;
        END IF ;
    END PROCESS;

    PROCESS(clk_temp, rst)
    BEGIN
        IF rst = '1' THEN
            Cur_STATE <= S0;
        ELSIF clk_temp'event AND clk_temp = '1' THEN
            Cur_STATE <= Next_STATE;
        END IF;
    END PROCESS;

    COM1:
    PROCESS(Cur_STATE)
    BEGIN
        CASE Cur_STATE IS
            WHEN S0 => Next_STATE <= S1;
            WHEN S1 => Next_STATE <= S2;
            WHEN S2 => Next_STATE <= S3;
            WHEN S3 => Next_STATE <= S4;
            WHEN S4 => Next_STATE <= S5;
            WHEN S5 => Next_STATE <= S6;
            WHEN S6 => Next_STATE <= S7;
            WHEN S7 => Next_STATE <= S8;
            WHEN S8 => Next_STATE <= S0;
            WHEN OTHERS => Next_STATE <= S0;
        END CASE;
    END PROCESS COM1;

    COM2:
    PROCESS(Cur_STATE)
    BEGIN
        CASE Cur_STATE IS
            WHEN S0 => led <= "11111111";
            WHEN S1 => led <= "00000000";
            WHEN S2 => led <= "11110000";
            WHEN S3 => led <= "00001111";
            WHEN S4 => led <= "10101010";
            WHEN S5 => led <= "01010101";
            WHEN S6 => led <= "11001100";
            WHEN S7 => led <= "00110011";
            WHEN S8 => led <= "11001100";
```

```
                WHEN OTHERS => led <= "11111111";
            END CASE;
        END PROCESS COM2;
    end Behavioral;
```

程序中,clk 为实验平台的时钟信号,要清楚地观察到 8 路彩灯的状态变化过程,首先要将时钟分频,因此第 1 个 Process 实现的功能是,当 clk 碰到一次上升沿时 count 加 1,当 count 累积到一定数值时将 clk_temp 翻转一次形成驱动 8 路彩灯状态迁移的时钟。第 2 个 Process 实现的是在分频后的时钟驱动下 8 路彩灯的 9 种不同状态的迁移逻辑。第 3 个 Process 实现的是定义 9 种状态对应的 LED 灯亮灭关系,另外,如果在彩灯变化的任意过程中触发 rst 信号,则回到初始状态重新变化。

3. 引脚锁定方法

在实验中,所使用的外部引脚已连接好,因此必须加以锁定。clk 是实验平台时钟信号,绑定在 START 键上; rst 是复位信号,绑定在 RESET 键上; Led 绑定在 8 个 testled 上。UCF 文件定义如图 13.3 所示。

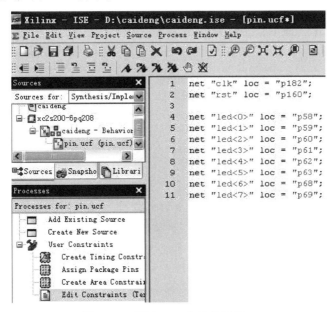

图 13.3 彩灯 UCF 文件编写窗口

4. 下载到 TEC-XP 实验平台并根据真值表进行验证

可以观察到数码管不断地循环显示全亮,全灭,亮灭交替,4 个亮、4 个灭等多种彩灯状态。

13.3.3 实验准备

前边已经阐述了 TEC-XP 是典型的双 CPU 实验系统,完成部件实验的过程中采用的左边 MACH 控制芯片和 Am2901 芯片等组成的 CPU,而要使用 FPGA 进行设计,需要对实验系统的 CPU 进行切换,将图 4.1 中 RESET 键上方的拨动开关上拨至 FPGA 模式下即可。

另外,在下载的过程中,需要特殊的并口下载线,而不是与实验系统连接 PC 的仿真软件共用串口,所以需要提前连接下载线。

13.3.4　实验要求与实验报告

实验之前认真预习,明确实验目的和具体实验内容,明确 I/O 及控制信号的关系,做好实验之前的必要准备。

想好实验的操作步骤,明确可以通过实验学到哪些知识,以及如何有意识地提高教学实验的真正效果。

在教学实验过程中,要爱护教学实验设备和用到的辅助仪表,记录实验步骤中的数据和运算结果,仔细分析遇到的现象与问题,找出解决问题的办法,有意识地提高自己创新思维能力。

实验之后认真写出实验报告,重点是预习时准备的内容、实验数据、实验结果的分析讨论、实验过程,以及遇到的现象和解决问题的办法。

13.3.5　思考题

(1) 设计带时序的 8 路彩灯电路原理图。

(2) 使用 VHDL 实现 8 路彩灯。

第 14 章
CHAPTER 14

FPGA 程序设计实验——

存储器设计实验

14.1　实验目的

（1）加深 Xilinx 编程工具的使用方法，为"计算机系统开放实验"课程和"FPGA 设计"课程打下基础。

（2）学会使用时钟沿触发进行存储器读写控制。

（3）根据 TEC-XP 实验平台的有限资源，设计不同位数和不同大小存储器。

14.2　实验设备与相关知识

14.2.1　实验设备

（1）硬件平台：TEC-XP 实验系统。

（2）软件平台：Xilinx 配套的 ISE 集成开发环境。

14.2.2　存储器相关知识

存储器是计算机的五大主要组成部分之一，是现代信息技术中用于保存信息的记忆设备。在数字系统中，能保存二进制数据的设备都可以称为存储器；在集成电路中，一个没有实物形式的具有存储功能的电路称为存储器，如 RAM、FIFO 等；在系统中，具有实物形式的存储设备也称为存储器，如内存条、TF 卡等。计算机中的全部信息，包括输入的原始数据、计算机程序、中间运行结果和最终运行结果，都保存在存储器中。有了存储器，计算机才有记忆功能，才能保证正常工作。计算机中的存储器按用途可分为主存储器（内存）和辅助存储器（外存），也有分为外部存储器和内部存储器的分类方法。外存通常是磁性介质或光盘等，能长期保存信息。存储器的分类如图 14.1 所示。

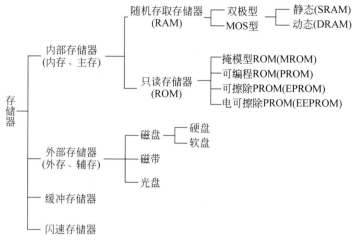

图 14.1　存储器分类

14.3　实验内容和步骤

14.3.1　实验说明

TEC-XP 是典型的双 CPU 结构的实验系统,左边是 MACH 芯片实现控制器、Am2901 芯片以及其他芯片组成的 CPU,右边是一块 Xilinx 公司出品的 FPGA 可编程芯片,其中一些引脚已经做了布线,与左边的 CPU 结构共用实验系统上的总线、开关和 LED 灯等器件,后期又通过实验箱背板焊接将芯片的 8 个引脚连接 8 个开关 SWL7～SWL0 和 8 个灯 testled。

本节主要根据 TEC-XP 平台提供的输入开关和输出 LED 的限制设计出位宽不同的存储器和内存空间大小不同的存储器,为在"计算机系统开放"课程中设计与实现 CPU、模型机以及指令流水等打下基础。

实验要求:

(1) 掌握 Xilinx 公司 ISE 开发平台的使用方法。

(2) 掌握基本的 VHDL 语法,并能使用 VHDL 编写多位和不同大小的存储器结构。

(3) 掌握 Xilinx 芯片 8 个开关和 8 个 LED 灯对应的引脚号及芯片引脚分配的方法。

14.3.2　实验操作步骤和内容

由于实验平台仅提供 8 个可用输入开关和 8 个 LED 灯,因此在进行存储器设计时提出两种方案:一种是 8 个输入开关拿出 2 个用作 CS 片选和 WR 读写信号,剩余 6 个用作存储器位宽,因为没有多余输入开关控制地址可供选择,所以存储器大小只有一个内存空间;另一种是 8 个输入开关拿出 2 个用作 CS 片选和 WR 读写信号之外,再拿出 2 个用于存储器地址空间选择,剩余 4 个用作寄存器位宽,因此能设计具有 4 个存储空间大小的 4 位存储器。

1. 设计一个位宽为 6、内存空间为 1 的存储器

1) 建立工程

需满足与第 11 章一样的规则和相关参数设定。

在 Project 中选择 New Source,选择 VHDL Module。双击 Next 按钮,按提示输入 port 成

员。一个 6 位宽的存储器程序包括 6 个成员：sram 表示存储器变量；input 对应输入开关；output 对应输出 LED 灯；clk 是实验平台的时钟，依然绑定在 START 键上；cs 是存储器的片选信号；wr 是存储器读写控制信号。通过图形化界面的方式直接声明以上成员，如图 14.2 所示。

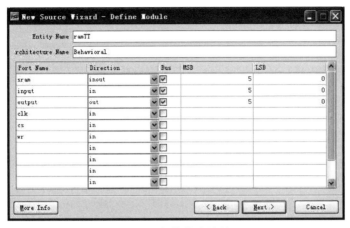

图 14.2　初始化成员界面

2) 输入源程序

创建 VHDL 源程序文件 ramTT. vhd，在编程窗口直接进行编程，如图 14.3 所示。

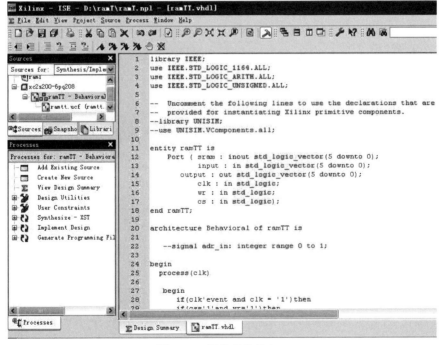

图 14.3　源程序编程窗口

```
library IEEE;
use IEEE.STD_LOGIC_1164.ALL;
use IEEE.STD_LOGIC_ARITH.ALL;
use IEEE.STD_LOGIC_UNSIGNED.ALL;

-- Uncomment the following lines to use the declarations that are
```

```
-- provided for instantiating Xilinx primitive components.
-- library UNISIM;
-- use UNISIM.VComponents.all;

entity ramTT is
    Port ( sram : inout std_logic_vector(5 downto 0);
           input : in std_logic_vector(5 downto 0);
          output : out std_logic_vector(5 downto 0);
           clk : in std_logic;
           wr : in std_logic;
           cs : in std_logic);
end ramTT;

architecture Behavioral of ramTT is

    -- signal adr_in: integer range 0 to 1;

begin
  process(clk)

  begin
     if(clk'event and clk = '1')then
      if(cs = '1'and wr = '1')then
      sram <=  input;
      end if;
       if(cs = '1'and wr = '0')then
      output <=  sram;
      end if;
     end if;
    end process;
end Behavioral;
```

程序主要通过捕捉时钟脉冲并检测 cs 和 wr 信号，如果检测到上升沿且 cs＝1、wr＝1，则将 6 个开关的输入信号存储到存储器中；如果 cs＝1、wr＝0，则将存储器单元内的数据读出并显示到对应的 6 个 LED 灯上。

3）引脚锁定方法

在实验中，所使用的外部引脚已连接好，因此必须加以锁定。clk 是实验平台时钟信号，绑定在 START 键上；cs 和 wr 绑定在 2 个输入开关上；input 绑定在剩余的 6 个输入开关上；output 绑定在 6 个 testled 上。UCF 引脚锁定文件如图 14.4 所示。

4）下载到 TEC-XP 实验平台并根据真值表进行验证

程序编译下载成功后，按 START 键启动时钟，上拨 6 个输入开关形成一个单元数据，然后上拨 cs 和 wr 对应的输入开关，则对应的数据写入 sram 存储器，然后将 wr 下拨，将刚才写入的数据读出并观察对应的 6 个 LED 灯，看数据是否被正确读出。

2. 设计一个位宽为 4 位，内存空间为 4 的存储器

1）建立工程

需满足与第 11 章一样的规则和相关参数设定。

在 Project 中选择 New Source，选择 VHDL Module。双击 Next 按钮，按提示输入 port 成员。位宽为 4、内存空间大小为 4 的存储器程序包括 9 个成员：clk 是实验平台的时钟，依

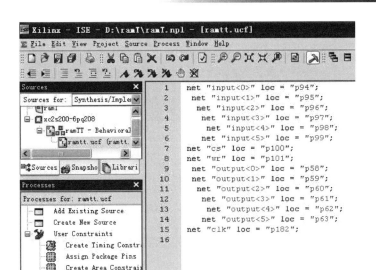

图 14.4　编写 UCF 文件窗口

然绑定在 START 键上；cs 是存储器的片选信号；wr 是存储器读写控制信号；input 对应输入开关；output 对应输出 LED 灯；address 对应两位输入开关，可以控制指向 4 个地址空间；addressdis、csdis 和 wrdis 分别对应 LED 灯，用来指示相应的高低电平。通过图形化界面的方式直接声明以上成员，如图 14.5 所示。

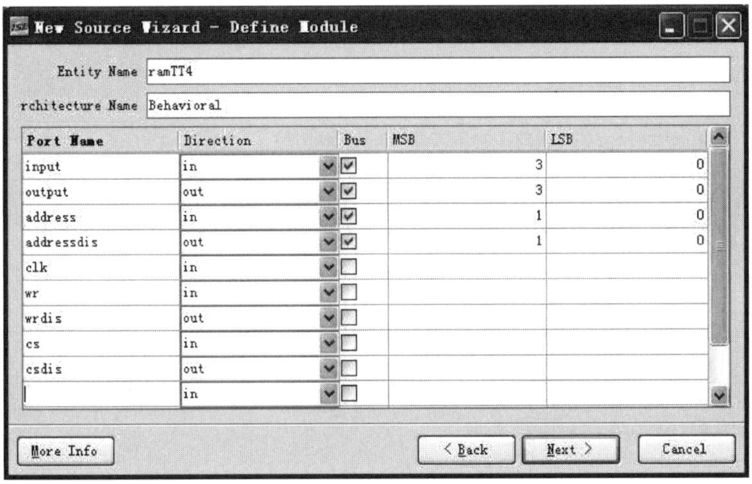

图 14.5　初始化成员界面

2）输入源程序

创建 VHDL 源程序文件 ramTT4. vhd，在编程窗口直接进行编程，如图 14.6 所示。

```
library IEEE;
use IEEE.STD_LOGIC_1164.ALL;
use IEEE.STD_LOGIC_ARITH.ALL;
use IEEE.STD_LOGIC_UNSIGNED.ALL;

---- Uncomment the following library declaration if instantiating
---- any Xilinx primitives in this code.
```

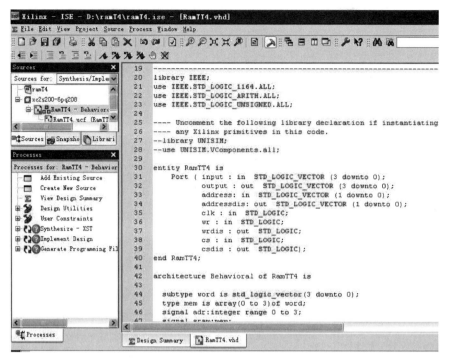

图 14.6　源程序编程窗口

```
-- library UNISIM;
-- use UNISIM.VComponents.all;

entity RamTT4 is
    Port ( input : in STD_LOGIC_VECTOR (3 downto 0);
            output : out STD_LOGIC_VECTOR (3 downto 0);
            address: in STD_LOGIC_VECTOR (1 downto 0);
            addressdis: out STD_LOGIC_VECTOR (1 downto 0);
            clk : in STD_LOGIC;
            wr : in STD_LOGIC;
            wrdis : out STD_LOGIC;
            cs : in STD_LOGIC;
            csdis : out STD_LOGIC);
end RamTT4;

architecture Behavioral of RamTT4 is

    subtype word is std_logic_vector(3 downto 0);
    type mem is array(0 to 3)of word;
    signal adr:integer range 0 to 3;
    signal sram:mem;
begin
    adr <= conv_integer(address);
    process(clk)
    begin
        if (clk'event and clk = '1')then
            wrdis <= wr;
            csdis <= cs;
            addressdis <= address;
            if(cs = '1'and wr = '1')then
```

```
            sram(adr)< = input;
         end if;
      if(cs = '1'and wr = '0')then
         output < = sram(adr);
       end if;
    end if;
  end process;
end Behavioral;
```

程序主要通过捕捉时钟脉冲并检测 cs 和 wr 信号,如果检测到上升沿且 cs=1、wr=1,则同时检测 address 对应的 2 个输入开关,指向对应地址,并将 4 个开关的输入信号存储到存储器中;如果 cs=1、wr=0,则同时检测 address 对应的 2 个输入开关,指向对应地址,将存储器单元内的数据读出并显示到对应的 4 个 LED 灯上。

3) 引脚锁定方法

在实验中,所使用的外部引脚已连接好,因此必须加以锁定。clk 是实验平台时钟信号,绑定在 START 键上;cs 和 wr 绑定在 2 个输入开关上;address 绑定到对应的 2 个开关上;input 绑定在剩余的 4 个输入开关上,output 绑定在 4 个 testled 上。UCF 引脚锁定文件如图 14.7 所示。

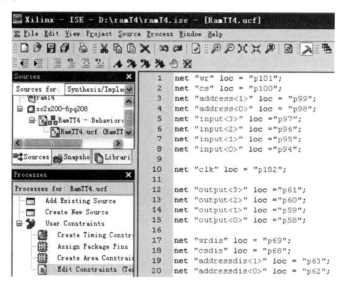

图 14.7　编写 UCF 文件窗口

4) 下载到 TEC-XP 实验平台并根据真值表进行验证

程序编译下载成功后,按 START 键启动时钟,上拨 2 个地址输入开关,指向确定地址,然后上拨 4 个输入开关形成一个单元数据,再上拨 cs 和 wr 对应的输入开关,则对应的数据写入 sram 存储器,然后将 wr 下拨,将刚才写入的数据读出并观察对应的 4 个 LED 灯,看数据是否被正确读出。地址选择开关有 2 位,可读写对应的 4 个内存单元。

14.3.3　实验准备

前边已经阐述,TEC-XP 是典型的双 CPU 实验系统,完成部件实验的过程中采用的左边 MACH 控制芯片和 Am2901 芯片等组成的 CPU,而要使用 FPGA 进行设计,需要对实验系统的 CPU 进行切换，将图 4.1 中 RESET 键上方的拨动开关上拨至 FPGA 模式下即可。

另外，在下载的过程中，需要特殊的并口下载线，而不是与实验系统连接 PC 的仿真软件共用串口，所以需要提前连接下载线。

14.3.4　实验要求与实验报告

实验之前认真预习，明确实验目的和具体实验内容，明确 I/O 及控制信号的关系，做好实验之前的必要准备。

想好实验的操作步骤，明确可以通过实验学到哪些知识，以及如何有意识地提高教学实验的真正效果。

在教学实验过程中，要爱护教学实验设备和用到的辅助仪表，记录实验步骤中的数据和运算结果，仔细分析遇到的现象与问题，找出解决问题的办法，有意识地提高自己创新思维能力。

实验之后认真写出实验报告，重点是预习时准备的内容、实验数据、实验结果的分析讨论、实验过程，以及遇到的现象和解决问题的办法。

14.3.5　思考题

（1）使用 VHDL 语言设计运算器。

（2）使用 VHDL 语言设计控制器。

第 15 章

用 FPGA 设计实现
模型计算机

随着半导体集成电路的迅猛发展,人们对专用集成电路(ASIC)设计的需求与期望值越来越高,希望能够在单个电路芯片上实现一个系统的全部功能。为此,必须提供使用方便的专用设计语言支持硬件系统的设计和测试(模拟验证),且有高集成度半导体线路用来实现所需求的功能。VHDL 和现场可编程的高集成度门阵列器件(FPGA)正好可以满足上述需求。以下将简单概述 VHDL 的功能和特性,FPGA 门阵列器件的内部组成,设计一个 16 位字长的 CPU 系统的基本目标和具体步骤等内容,即用 VHDL 描述这一 CPU 系统功能,并用 FPGA 实现出来,最终再与存储器和输入/输出接口线路相连接,共同组成一台用于硬件课程教学目的的完整的模型计算机系统的全部过程。

15.1 实验目的

(1) 在之前实验的基础上,加深对 FPGA 程序设计的理解。

(2) 在学习计算机组成原理理论课、了解掌握计算机的组成部分,通过实验加深认识。

(3) 采用 FPGA 设计计算机,其中主要是控制器和运算器的设计。

15.2 实验设备与相关知识

15.2.1 实验设备

(1) 硬件平台:TEC-XP 实验系统。

(2) 软件平台:Xilinx 配套的 ISE 开发平台。

15.2.2 FPGA 的外特性和内部结构

FPGA 是 20 世纪 90 年代出现的被广泛应用的大规模集成电路器件。尽管它与 GAL20V8 和 MACH 类型的 PLD 同属现场可编程器件,但是其内部结构却完全不同,也有着不同的特性和性能。GAL20V8 和 MACH 都是采用“与_或”两级逻辑阵列加上输出逻辑单元的内部结构,而 FPGA 的内部结构则由多个独立的可编程的逻辑模块 CLB (Configurable Logic Block)、输入/输出模块(I/O Block,IOB)和互连资源(interconnect resource)3 部分组成。

FPGA 与 IOB 相连的输入输出引脚数量更多,并可根据需要设置为输入或输出端。内部的每个 CLB 电路中都包含组合逻辑电路、1 个或 2 个触发器电路、一些数据选择器电路,可根据需要实现组合逻辑的功能,如 1 个 4 变量的组合逻辑函数、2 个 3 变量的组合逻辑函数、1 个 5 变量的组合逻辑函数。也可以实现时序逻辑的功能,即把触发器编程为边沿触发的 D 触发器,或者电平触发的 D 型锁存器,可以使其运行于同步方式(使用公用的 CLK 时钟信号)或异步方式(使用一个特定数据输入端作为时钟),触发器接收的数据来自于组合逻辑部分的输出。

内部的互连资源由金属线、开关阵列和可编程连接点 3 部分构成,用于实现把数量很大的 CLB 和 IOB 相互连接起来以构成不同的复杂系统。

FPGA 芯片的工作状态(提供的逻辑功能)由芯片内的编程数据存储器设定,该存储器中的内容在断电后不被保存,因此必须在每次加电时被重新装入,这是在芯片内的一个时序电路控制下自动完成的,被装入的数据通常要存放在芯片之外的一片 EPROM 器件中。或者存放在一个磁盘文件中,通过工具软件将其下载到 FPGA 芯片。

15.2.3 CPU 系统设计目标与实现

为了顺应最新的硬件电路设计趋势和教学实验的更高需求,我们在 Xilinx 专用开发平台 ISE 上用 VHDL 来描述、设计 CPU 的全部逻辑和功能,经过编译和综合后,下载到一个 FPGA 芯片中,得到能够正常运行的 CPU 系统。

这里所说的 CPU 系统设计,是针对特定的目标、特定的 CPU 系统来展开的。特定的目标指的是重点针对计算机硬件课程的教学需求。特定的 CPU 系统指的是新设计与实现的 CPU 在指令系统、使用的软件资源等方面尽可能与 TEC-XP 教学计算机实现完全的兼容;在硬件构成、实现技术等方面也尽可能与 TEC-XP 教学计算机类似。这样既能保证已有的软件资源得到充分地应用,减轻研制软件系统的负担,又能更好地在两个系统之间得到尽可能高的可比较性,降低授课难度,提高学生的学习效率。这就意味着,设计与实现的 CPU 系统的外特性是严格限定的,它与 TEC-XP 教学计算机是严格意义上的同一体系结构的计算机,差别仅表现在计算机的具体实现上,包括选用的器件的类型和集成度不同,所用的设计手段、设计过程有所不同,体现出来的设计与实现技术也会有所差异。

CPU 系统的实现选用 Xilinx 公司的 SPARTAN-II 系列芯片(型号是 XC2S200),20 万门容量,其内部有 2352 个 CLB,14 个 4KB 的 RAM 块,208 脚的 PQFP 封装形式,支持在系统编程(in-system programmable),实现了原 TEC-XP 教学计算机的 CPU 的全部功能。在完成这项任务时,已经考虑到如何照顾现有教材和实验指导书内容的相对稳定性。首先,需要保证新设计的教学计算机的指令系统,与过去已经使用的 TEC-XP 教学计算机的指令系统有良好的兼容性。其次,在构思新型教学计算机的逻辑结构的过程中,要向原 TEC-XP 教学计算机的实际组成适当地靠拢,尽量在二者之间有一个平滑的过渡。这对设计过程增加了限制条件,但是对减轻任课教师的教学负担、保证教学质量是至关重要的。

把选用 VHDL 来描述的 CPU 的源码文件,经过专用工具软件的编译和综合,下载到 FPGA 芯片,就得到了能够正常运行的 CPU 系统。把这个 CPU 与教学计算机原有的存储器部件、串行接口线路等连接在一起,就构成了一个新的硬件主机系统,通过串行接口接通用 PC 实现的仿真终端,把监控程序保存到内存的 ROM 存储区,则得到一台硬软件组成相对完整的真正能够运行的教学计算机系统。

15.2.4 在 FPGA 中实现的非流水线的 CPU 系统

本节将以不使用指令流水线技术实现的 CPU 系统为例,介绍设计、实现完整 CPU 系统的一般过程和相关技术。把主要属于"计算机系统结构"课程的知识放在另外的资料中讲解,如使用指令流水线技术实现的 CPU 系统,在 FPGA 内实现 CACHE 功能等内容。

15.2.5 CPU 系统的层次与模块设计

VHDL 支持层次结构,一个完整的系统可以由一个顶层模块和多个部件模块组成。任何一个电路模块,都可以使用 VHDL 为其建立一个电路模型。通常情况下,一个电路模型(亦称设计单元)由一个实体说明(用于描述电路的接口信息)和一个结构体(用于描述电路的行为或结构)组成。

该 CPU 系统被划分成顶层模块(CPUVHD)和 3 个部件(Am2901、controller、data_IB)模块,它们之间的接口关系如图 15.1 所示。

在 CPU 系统的顶层模块 CPUVHD 中,给出该 CPU 单元与外部的信号接口,说明用到的 3 个下层部件的名称和接口参数,还在顶层模块中实现了指令寄存器和地址寄存器。

在该 CPU 系统的顶层模块 CPUVHD 的实体(用 entity 标识)说明中,通过接口 port 给出了该 CPU 系统的接口信息(属于公用信息),包括接口信息的名称(需符合标识符的定义,VHDL 不区分标识符中的英文的大小写字母)、信息的端口模式(表示信号的流向,输入用 in 标记、输出用 out 标记、输入/输出双向用 inout 标记、缓冲用 buffer 标记)、信息的取值类型(例如用 std_logic 说明一个二进制位的信号,用 std_logic_vector(15 downto 0) 说明由 16 个二进制位组成的数据)三部分内容。

在顶层模块的结构体(用 architecture 标识)部分,首先说明了该 CPU 电路模型中使用的 3 个部件(component)的名称和接口参数,包括运算器部件(名称是 Am2901)、控制器部件(名称是 controller)、数据总线部件(名称是 data_IB,用于实现与存储器和 I/O 接口线路通信)。接口参数的说明方法和前面在实体中说明接口信息的方法是一样的。

接下来说明必要的信号。在 begin 之后的执行语句中,指出了几个部件接口的映射关系,执行多个信号的赋值操作,体现出以组合逻辑电路实现的功能,包括接收运算器的标志位 FLAG 输出并传送到输出 FLAGOUT 引脚,接收运算器的输出 Y 并传送到 ALU_Y 输出引脚,接收控制器的输出 tempMIO、tempREQ、tempWE 并分别送到输出引脚 MIO、REQ、WE,接收指令寄存器 IR 的内容并送到相应的输出引脚,接收节拍发生器的节拍编码 timing 输出并传送到输出引脚 timingout,接收控制器的输出信号 DC2 到输出 DC-2。

通过一个带时钟信号参数(clk)的进程(process),描述了指令寄存器和地址寄存器依据 DC2 编码值的不同,在时钟脉冲的低电平期间分别接收输入信息的执行过程,即实现了时序逻辑电路指令寄存器(IR)和地址寄存器(AR)。即在时钟脉冲的低电平期间,IR 接收输入信号 IB,IR 的输出信号 IRout 送到芯片的输出引脚;AR 接收运算器的输出信号 Y,AR 的输出送出后用于指定内存的单元地址或者 I/O 接口芯片的地址,与 MIO、REQ、WE 三个信号共同控制对内存或者 I/O 接口芯片的读写操作。

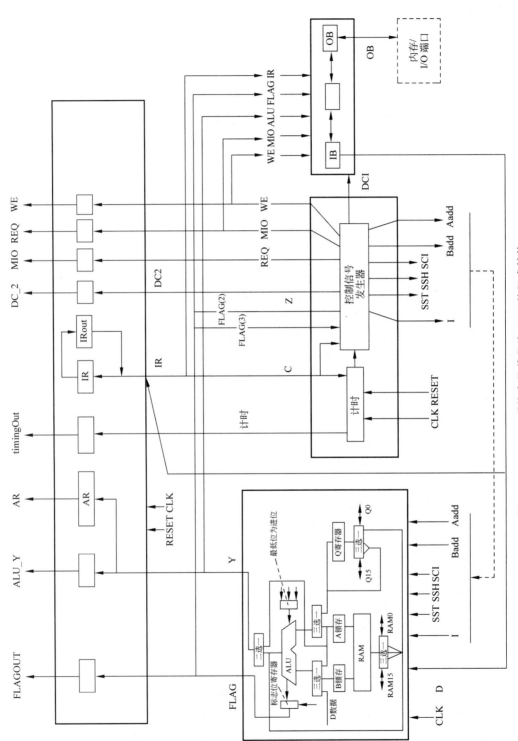

图 15.1 TEC-XP 系统中的单芯片 CPU 的组成结构

15.3 实验内容和步骤

15.3.1 实验说明

实验主要是学生通过"计算机组成原理"理论课的学习,了解计算机的各大组成部分,然后通过对第 11 章简单 FPGA 设计掌握一定的 FPGA 设计方法,进而采用 FPGA 来设计计算机的各大组成部分,核心是控制器和运算器的设计。

15.3.2 实验操作步骤和内容

1. 运算器部件 Am2901 芯片的实现

运算器部件的功能是选择参加运算的数据来源、实现的运算功能、运算结果的处理办法,确定加减运算时 ALU 最低位的进位输入信号,有移位操作时,累加器和 Q 寄存器的最高、最低位移位输入信号,暂存运算的数据和中间结果,维持与更新 4 位标志位寄存器的内容。

运算器内部由算术与逻辑运算部件 ALU、16 个累加器组成的通用寄存器组、用于硬件乘除法指令的 Q 寄存器 3 个主体部分,5 组实现多路数据选择的线路,以及 4 位标志位寄存器等线路组成。

在运算器部件的实体说明中,通过接口 Port 说明了运算器部件使用的 24 位控制信号、16 位外部数据输入信号、16 位结果数据输出信号、4 位标志位信号、1 位系统时钟信号。各自的用法和控制功能在教材其他章节中已有详细讲解,此处不再赘述。

在运算器部件的结构体中,首先指定了 4 位标志位信号由 C、Z、V、S 组成。

使用 13 个进程完成运算器内部的全部运算、处理等功能。

(1) 进程 process(I(5 downto 3),RE,S,Cin)描述经过 ALU 完成的运算功能,并用一个 case 语句描述对 4 位的标志位寄存器内容的维持或者更新操作。

(2) 进程 process(I(8 downto 6),dataA,result)描述通过 ALU 向外输出 16 位的计算结果的方案。

(3) 进程 process(Clk)描述标志位寄存器在不同情况下,执行内容更新操作时的输入数据的内容。

(4) 进程 process(SCI)描述通过 SCI 的不同编码得到 ALU 最低位的进位输入信号的方案。

(5) 进程 process(D,data,I(2 downto 0))描述送到 ALU 的两路输入中的 RE 路的数据来源。

(6) 进程 process(data,dataB,Q,I(2 downto 0))描述送到 ALU 的两路输入数据中 S 路的数据的来源。

(7) 进程 process(Clk,A)描述 A 锁存器在时钟脉冲的高电平期间、上升沿和低电平期间完成的数据锁存和传送功能。

(8) 进程 process(Clk,B)描述 B 锁存器在时钟脉冲的高电平期间、上升沿和低电平期间完成的数据锁存和传送功能。

(9) 进程 process(I(8 downto 6),result,RAM0,RAM15)描述将写入累加器的数据

内容。

（10）进程 process(Clk,tempResult)描述累加器在时钟脉冲的低电平期间接收输入数据的操作。

（11）进程 process(I(8 downto 6),result,Q0,Q15)描述将写入 Q 寄存器的数据内容。

（12）进程 process(Clk)描述 Q 寄存器在时钟脉冲的上升沿执行接收输入数据的操作。

（13）进程 process(SSH,C,Carry，Result(0)，Result(15),Q(15))描述有移位操作时,累加器和 Q 寄存器最高、最低位的移位输入数据的内容。

```vhdl
library ieee;
use ieee.std_logic_1164.all;
use ieee.std_logic_arith.all;
use ieee.std_logic_unsigned.all;
entity AM2901 is
    port(
        CLK          :in std_logic;                        -- 时钟脉冲
        dataOrigin   :in std_logic_vector(2 downto 0);     -- 控制信号输入
        funcChoose   :in std_logic_vector(2 downto 0);
        resultOper   :in std_logic_vector(2 downto 0);
        SCi          :in std_logic_vector(1 downto 0);     -- 最低位进位信号形成
        SSH          :in std_logic_vector(1 downto 0);     -- 移位输入信号形成
        SST          :in std_logic_vector(2 downto 0);     -- 状态标志位
        addrB        :in std_logic_vector(3 downto 0);     -- B 端口地址
        addrA        :in std_logic_vector(3 downto 0);     -- A 端口地址
        D            :in std_logic_vector(15 downto 0);    -- 内部总线输入数据
        resultOut    :out std_logic_vector(15 downto 0);   -- 运算器处理结果
        FLAG         :out std_logic_vector(3 downto 0)     -- 标志位输出信号
        );
end AM2901;
architecture Behavioral of AM2901 is
    signal cin          :std_logic;                        -- 最低位进位信号
    signal C_out,Z_out,V_out,S_out :std_logic;             -- 状态标志位
    signal RAM0,RAM15,Q0,Q15:std_logic;                    -- 移位信号
    signal Q,Q_temp,Result_IN :std_logic_vector(15 downto 0);  -- 乘商寄存器
    signal A,B,operant1,operant2,operant1_temp,operant2_temp,RE,S,result:std_logic_vector
(15 downto 0);
    signal C,Zero,Over,Sign:std_logic;                     -- 暂存标志位

    subtype regData is integer range 0 to 65535;           -- 定义子类型
    type regArray is array( 0 to 15) of regData;           -- 寄存器类型
    signal RAM :regArray;
-- := ( (0),(0),(0),(0),(10112),(0),(0),(0),(0),(0),(0),(0),(0),(0),(0),(0)
-- 16 个通用寄存器组);
-- SP 初始化 2780
begin
    FLAG<= C_out&Z_out&V_out&S_out;                        -- 标志位输出
    CIN_Process:process(SCi)                               -- 最低位进位信号形成
    begin
        case SCi is
            when "00" => cin<= '0';
            when "01" => cin<= '1';
            when "10" => cin<= C_out;
            when others => NULL;
```

```
                end case;
        end process CIN_Process;
        ------------------------------------
        Control:process(funcChoose,RE,S,Cin)              -- ALU 功能选择运算并形成标志位
        begin
            case funcChoose is
                when "000" => result <= RE + S + cin;     -- R + S + CIN
                when "001" => result <= S - RE - not Cin; -- S - R
                when "010" => result <= RE - S - not Cin; -- R - S
                when "011" => result <= RE or S;          -- R or S
                when "100" => result <= RE and S;         -- R and S
                when "101" => result <= not(RE) and S;    -- not R and S
                when "110" => result <= RE xor S;         -- R xor S
                when "111" => result <= not(RE xor S);    -- not (R xor S)
                when others => NULL;
            end case;                                     -- 形成标志位
            case funcChoose is
                when "000" =>                             -- R + S 运算
C <= (S(15) and RE(15) or(RE(15) and not result(15)) or (not result(15) and S(15));
Over <= (S(15) and RE(15) and not result(15)) or( not S(15) and not RE(15) and result(15));
                when "001" =>                             -- S - R 减运算
C <= (S(15) and not RE(15)) or (not RE(15) and not result(15)) or (not result(15) and S(15));
Over <= (S(15) and not RE(15) and not result(15)) or(not S(15) and RE(15) and result(15));
                when "010" =>                             -- R - S 运算
C <= (RE(15) and not S(15)) or (not S(15) and not result(15)) or (not result(15) and RE(15));
Over <= (RE(15) and not S(15) and not result(15)) or(not RE(15) and S(15) and result(15));
                when others => NULL;                      -- 逻辑运算不改变 C,V
            end case;
            Sign <= result(15);                           -- 最高位为符号位
            if result = "0000000000000000"                -- 结果是否为 0
            then
                Zero <= '1';
            else
                Zero <= '0';
            end if;
        end process control;
        --------------------------
        process(resultOper,operant1,result)               -- 选择输出内容
        begin
            case resultOper is                            -- 输出 A 口内容
                when "010" =>
                    resultOut <= operant1;
                when others =>
                    resultOut <= result;                  -- 运算结果输出
            end case;
        end process;
        ------------------------------------
-- REG 寄存
        process(resultOper,result,RAM0,RAM15)             -- 形成寄存内容
        begin
            case resultOper(2 downto 1) is
                when "01" => result_IN <= result;                        -- ALU 运算结果
                when "10" => result_IN <= RAM15&result(15 downto 1);     -- 右移
                when "11" => result_IN <= result(14 downto 0)&RAM0;      -- 左移
```

```vhdl
                when others = > NULL;
            end case;
        end process;


        REG_Result_IN:process(Clk,result_IN)          -- 通用寄存器结果保存
        variable addr_A,addr_B:integer range 0 to 15;
        begin
            addr_A: = CONV_INTEGER(UNSIGNED(addrA));
            addr_B: = CONV_INTEGER(UNSIGNED(addrB));

        IF CLK = '0' THEN                              -- 低电平接收
            IF resultOper(2) = '1' or resultOper(1) = '1'THEN
                RAM(addr_B)< = CONV_INTEGER(UNSIGNED(result_IN));
         END IF;
        END IF;
            A< = STD_LOGIC_VECTOR(CONV_UNSIGNED(RAM(addr_A),16));
            B< = STD_LOGIC_VECTOR(CONV_UNSIGNED(RAM(addr_B),16));
        end process REG_Result_IN;
        ------------------------------------
-- Q 寄存器结果保存
    Q_Result_IN:process(Clk)
    begin
        if Clk'event and Clk = '1'                     -- 正跳变沿 Q 寄存
        then
            case resultOper is
                when "000" = >                         -- 结果保存
                    Q< = Q_temp;
                when "100" = >
                    Q< = Q_temp;
                when "110" = >
                    Q< = Q_temp;
                when others = > NULL;
            end case;
        end if;
    end process Q_Result_IN;
    process(resultOper,result,Q0,Q15)                  -- 形成 Q 寄存内容
    begin
        case resultOper is
            when "000" = >
                Q_temp < = result;                     -- ALU 运算结果
            when "100" = > Q_temp < = Q15&result(15 downto 1);   -- 右移
            when "110" = > Q_temp < = result(14 downto 0)&Q0;    -- 左移
            when others = > NULL;
        end case;
    end process;


        ------------------------------------
    SSH_Process:process(SSH,C_out,C,result(0),result(15),Q(15))
-- 移位输入信号的形成
    begin
        case SSH is
            when "00" = >
                if resultOper(2) = '1' and resultOper(1) = '1'
                then
```

```vhdl
                        RAM0 <= '0';
               --  Q0 <= '0'; add ' -- ' 20041206
                    elsif resultOper(2) = '1' and resultOper(1) = '0'
                    then
                        RAM15 <= '0';
               --  Q15 <= '0'; add ' -- ' 20041206
                    end if;
            when "01" =>
                    if resultOper(2) = '1' and resultOper(1) = '1'
                    then
                        RAM0 <= C_out;
               --  Q0 <= '0'; add ' -- ' 20041206
                    elsif resultOper(2) = '1' and resultOper(1) = '0'
                    then
                        RAM15 <= C_out;
               --  Q15 <= '0'; add ' -- ' 20041206
                    end if;
            when "10" =>
                    if resultOper(2) = '1' and resultOper(1) = '1'
                    then
                        RAM0 <= Q(15);
                        Q0 <= not result(15);
                    elsif resultOper(2) = '1' and resultOper(1) = '0'
                    then
                        RAM15 <= C;
                        Q15 <= result(0);
                    end if;
            when "11" =>
                    if resultOper(2) = '1' and resultOper(1) = '1'
                    then
                        RAM0 <= '0';
                        Q0 <= '0';
                    elsif resultOper(2) = '1' and resultOper(1) = '0'
                    then
                        RAM15 <= result(15) xor Over;
                        Q15 <= result(0);
                    end if;
            when others => NULL;
        end case;
end process SSH_Process;
----------------------------------------
SST_Process:process(CLk)                        -- 状态寄存器的接收与保存
begin
if CLk'event and Clk = '1'                       -- 运算器周期的正跳变用于寄存器接收
then
    case SST is
        when "000" =>
                C_out <= C_out;
                V_out <= V_out;
                Z_out <= Z_out;
                S_out <= S_out;
        when "001" =>                            -- 状态寄存
                C_out <= C;
                Z_out <= Zero;
```

```
                    V_out <= Over;
                    S_out <= Sign;
            when "010" =>                          -- 恢复标志位原现场值
                    C_out <= D(15);                -- 数据总线的高位为 FLAG 位
                    Z_out <= D(14);
                    V_out <= D(13);
                    S_out <= D(12);
            when "011" =>                          -- C 置 0
                    C_out <= '0';
                    Z_out <= Z_out;
                    V_out <= V_out;
                    S_out <= S_out;
            when "100" =>                          -- C 置 1
                    C_out <= '1';
                    Z_out <= Z_out;
                    V_out <= V_out;
                    S_out <= S_out;
            when "101" =>                          -- 右移操作
                    C_out <= result(0);
                    Z_out <= Z_out;
                    V_out <= V_out;
                    S_out <= S_out;
            when "110" =>                          -- 左移操作
                    C_out <= result(15);
                    Z_out <= Z_out;
                    V_out <= V_out;
                    S_out <= S_out;
            when "111" =>                          -- 联合右移
                    C_out <= Q(0);
                    Z_out <= Z_out;
                    V_out <= V_out;
                    S_out <= S_out;

            when others => null;                   -- add 20041206
-------------------------------------------------------------
--          when others =>                        -- 状态寄存器保持不变
--                  C_out <= C_out;
--                  V_out <= V_out;
--                  Z_out <= Z_out;
--                  S_out <= S_out;
------------------------------------------------------------------- 20041206
        end case;
        end if;
    end process SST_Process;
    -------------------------------------------------
    R_Data:process(D, operant1, dataOrigin)        -- R 操作数多路选择器
    begin
        case dataOrigin is
            when "000"  => RE <= operant1;
            when "001"  => RE <= operant1;
            when "010"  => RE <= "0000000000000000";
            when "011"  => RE <= "0000000000000000";
            when "100"  => RE <= "0000000000000000";
            when "101"  => RE <= D;
```

```
            when "110" = > RE < = D;
            when "111" = > RE < = D;
            when others = > NULL;
        end case;
    end process R_Data;
    S_DATA:process(operant1,operant2,Q,dataOrigin)   -- S 操作数多路选择器
    begin
        case dataOrigin is
            when "000"  = > S < = Q;
            when "001"  = > S < = operant2;
            when "010"  = > S < = Q;
            when "011"  = > S < = operant2;
            when "100"  = > S < = operant1;
            when "101"  = > S < = operant1;
            when "110"  = > S < = Q;
            when "111"  = > S < = "0000000000000000";
            when others = > NULL;
        end case;
    end process S_DATA;
    -----------------------------------------
    A_LOCKER:process(Clk,A)                       -- A 锁存器
    begin
    if Clk'event and Clk = '0'
    then
        operant1_temp < = A;
    end if;

    if Clk = '1'
    then
        operant1 < = A;
    else
        operant1 < = operant1_temp;
    end if;
    end process A_LOCKER;

    B_Locker:process(CLk,B)                       -- B 锁存器
    begin
    if CLK'event and CLk = '0'
    then
        operant2_temp < = B;
    end if;
    if CLk = '1'
    then
        operant2 < = B;
    else
        operant2 < = operant2_temp;
    end if;
    end process B_Locker;
end Behavioral;
```

2. 数据总线部件 data_IB 的实现

数据总线被划分成内部总线 IB 和外部总线 OB 两部分，IB 主要用于 CPU 内部，OB 主要用于 CPU 与计算机的内存储器和 I/O 接口线路实现通信，它们都是既用于输入也用于

输出的双向传送的信号。

在该模块的实体说明中，通过接口 Port 给出的参数，属于输入的是控制信号 DC1、MIO、WE，内部总线的 3 组输入数据，属于输出的是 IB，属于输入/输出的是 OB 总线信号。

在该模块的结构体中，进程 process(DC1,MIO,WE)描述了依据 DC1 的编码控制把不同的输入信息送到 IB 总线，其中包括在有读内存或者串行接口操作时把 OB 总线上的信息传送到 IB 总线。

进程 process(MIO,WE)描述了在有写内存或者串行接口操作时把 IB 总线上的信息传送到 OB 总线，否则使 OB 总线处于高阻态。

```
library IEEE;
use IEEE.STD_LOGIC_1164.ALL;
use IEEE.STD_LOGIC_ARITH.ALL;
use IEEE.STD_LOGIC_UNSIGNED.ALL;

-- Uncomment the following lines to use the declarations that are
-- provided for instantiating Xilinx primitive components.
-- library UNISIM;
-- use UNISIM.VComponents.all;

entity data_IB is
    Port ( dc1 : in std_logic_vector(2 downto 0);
            ALU: in std_logic_vector(15 downto 0);
          flag: in std_logic_vector(3 downto 0);
          ir : in std_logic_vector(15 downto 0);
            we : in std_logic;
          mio : in std_logic;

            ib : inout std_logic_vector(15 downto 0);
            ob : inout std_logic_vector(15 downto 0)
            );
end data_IB;

architecture Behavioral of data_IB is

begin

process(DC1,MIO,WE)
begin
-- if(clk = '0') then
    case DC1 is
        when "000" =>
            if(MIO = '0' and WE = '1') then IB <= OB;
            end if;
        when "001" => IB <= ALU;
        when "010" =>
            case IR(7) is
                when '0' => IB <= "00000000"&IR(7 downto 0);
                when '1' => IB <= "11111111"&IR(7 downto 0);
                when others =>
            end case;
        when "011" => IB <= flag&"000000000000";
        when others =>
```

```
        end case;
 -- else
 -- end if;
end process;

process(MIO,WE)
begin
    if(MIO = '0' and WE = '0') then
        OB <= IB;
    else OB <= "ZZZZZZZZZZZZZZZZ";
    end if;
end process;

end Behavioral;
```

3. 控制器部件 controller 的实现

控制器部件的功能是依据所执行的指令(由指令操作码决定)和指令所处的执行步骤(由节拍状态编码确定),也许还包括必要的控制条件,来给出这条指令在本节拍所使用的时序控制信号的取值,保证各个部件协调运行,协同完成确定的运行功能。

在 CPU 系统的设计中,这里的控制器部件主要包括节拍发生器线路和时序控制信号产生线路两部分,其他的线路在其他模块中给出。在本模块的实体说明中,通过接口 Port 给出全部输入信号,包括系统总线请求信号 RESET、系统时钟信号 CLK、指令寄存器 IR 的 16 位信号、标志位进位位 C、结果为 0 位 Z 信号,以及输出的 34 位的时序控制信号、4 位的节拍状态信号。

在本模块中,进程 process(clk,RESET)描述了节拍发生器的运行过程。这里的节拍发生器的运行状态,要保持与 TEC-2000 教学计算机的指令执行步骤相同,因此不必讨论节拍发生器的状态编码和状态转换设计,问题就变成如何用 VHDL 写出实现节拍状态转换的语句这样一个简单过程。有两种可行方案:一种是直接写出每一位节拍触发器的状态转换语句,更接近线路描述;另一种是直接写出完成状态转换的语句,更接近节拍发生器的功能描述。在原程序清单中提供了两种设计方案的设计结果。

对于时序控制信号产生部件,这里只给出对 29 条基本指令执行过程的设计结果。

进程(expandTiming)描述产生 34 位时序控制信号的方案。其基本思路是把节拍状态编码作为第一级分支,用连续的 if 语句区分不同的节拍,再用出现在该节拍中的指令或指令组作为第二级分支,来最终确定用到的 34 位控制信号的取值。

对公用于所有指令的公共操作节拍,各个控制信号的取值与指令的操作码无关,可以直接给出这些控制信号的取值,例如,对 01000、00000、00010 三个节拍的处理。而 00101、00111 两个节拍只用于 CALA 一条指令,其他基本指令不会进入此节拍,确定各控制信号取值的办法也简单一些。

对于其他各个节拍,则要区分不同的指令,依据具体的操作功能来选择每一个信号(组)的取值。最简单的办法是为每一条出现在本节拍中的指令单独写出向它所使用的控制信号赋值的语句,对于初学者,这是最可行的方案,该方案设计出的 HDML 的源码篇幅更长,但对最终的设计结果并无实质性影响。如果设计者对指令的执行过程理解得很清楚,对每一个节拍中的操作功能也有深入的了解,思维足够快,也可以依据不同指令的组合情况,直接向每一种组合可以公用的控制信号进行赋值,下面的例子就是按这一方案完成设计的,这只不过是把可以留给设计工具软件来优化的工作改由设计者本人直接完成了,这种处理办法在实际工作中是否值得提倡,还有待于尝试。

用节拍状态作为第一级分支时,使用的是连续的 if 语句。其具体语句的架构简介如下:

```
if (expandTiming = "1000") then              该节拍中的语句;
    elseif  (expandTiming = "0000") then     该节拍中的 34 位信号赋值语句;
    elseif  (expandTiming = "0010") then     该节拍中的 34 位信号赋值语句;
    elseif  (expandTiming = "0011") then     该节拍中的 34 位信号赋值语句;
    elseif  (expandTiming = "0110") then     该节拍中的 34 位信号赋值语句;
    elseif  (expandTiming = "0100") then     该节拍中的 34 位信号赋值语句;
    elseif  (expandTiming = "0111") then     该节拍中的 34 位信号赋值语句;
    elseif  (expandTiming = "0100") then     该节拍中的 34 位信号赋值语句;
endif;
```

用指令(指令组)在各个节拍中进行第二级分支时,需要根据不同的情况进行不同的处理。为了方便地判断指令或者指令组,在该模块中说明了 29 个逻辑型的信号,通过一个进程 process(IR(15 downto 8))使每一个信号标明一条基本指令。

在节拍编码为 1000、0000、0010 时,是用于所有指令的公用节拍,34 位的控制信号与指令操作码无关;在节拍编码为 0111、0100 时,是单独用于 CALA 一条指令的节拍,也不必区分指令操作码(如果要在本节拍中添加新的指令则另当别论)。

在另外的 4 个节拍中,则要依据不同指令或者指令组对不同的时序控制信号进行相应的赋值操作。例如,在 0011 节拍中,需要按 A 组 17 条指令的不同情况进行个别处理。A组全部 17 条指令都不涉及专用寄存器的接收操作,故为 DC2 赋值 000。有关对存储器和I/O 接口的读写控制,17 条指令都无读写操作需求,故分别为 MIO、REQ、WE 三个控制信号赋值 1、0、0。

对 8 条双寄存器指令,A、B 口地址都分别选择指令寄存器的 IR(3 downto 0)和 IR(7 downto 4);对 4 条单寄存器指令,A、B 口地址都分别选择 0000 和 IR(7 downto 4),对另外的 5 条相对转移指令,A、B 地址都选择 0101(即程序计数器 PC 的编号)。这里有一个 PC 的内容与相对转移偏移量(保存在指令寄存器的低 8 位)相加求转移地址的计算过程,此时需要把指令寄存器的低 8 位中的补码值进行符号位扩展后送到 ALU 的 D 输入端(见运算器部件)并完成相加操作,至于是否真正进行转移,要根据指令中指定的转移判断条件(C、NC、Z、NZ)和这两个标志位的现行值共同决定,如转移,则把计算的转移地址传送到 PC 中(此时应向 I8~I6 信号赋值 010,使 B 口指定的寄存器接收输入数据),否则通过使 I8~I6 的值为 000,使 B 口指定的寄存器不接收计算出的转移地址,则下一条执行的指令必定是跟随在条件相对转移指令之后的相邻指令,即不执行转移操作,这是通过控制使 I7 信号为 0 或 1 完成的。

对其他几组控制信号的赋值处理也容易看懂,无须多加说明。

```
library IEEE;
use IEEE.STD_LOGIC_1164.ALL;
use IEEE.STD_LOGIC_ARITH.ALL;
use IEEE.STD_LOGIC_UNSIGNED.ALL;
```

```
--  Uncomment the following lines to use the declarations that are
--  provided for instantiating Xilinx primitive components.
--  library UNISIM;
--  use UNISIM.VComponents.all;

entity controller is
    Port ( IR : in std_logic_vector(15 downto 0);
           c : in std_logic;
           z : in std_logic;
           state: out std_logic_vector(3 downto 0);
           RESET : in std_logic;
           MIO : out std_logic;
           REQ : out std_logic;
           WE : out std_logic;
           addra : out std_logic_vector(3 downto 0);
           addrb : out std_logic_vector(3 downto 0);
           SCI : out std_logic_vector(1 downto 0);
           SSH : out std_logic_vector(1 downto 0);
           resultOper: out std_logic_vector(2 downto 0);
           funcChoose: out std_logic_vector(2 downto 0);
           dataOrigin: out std_logic_vector(2 downto 0);
           SST : out std_logic_vector(2 downto 0);
           DC1 : out std_logic_vector(2 downto 0);
           DC2 : out std_logic_vector(3 downto 0);
           clk : in std_logic);
--         I : out std_logic_vector(8 downto 0);
--         NewIns : out std_logic;
--         seeTime: out std_logic_vector(4 downto 0));
--         timing : out std_logic_vector(4 downto 0));
end controllor;

architecture Behavioral of controllor is

  signal timing : std_logic_vector (4 downto 0);
  signal CMDadd,CMDsub,CMDand,CMDcmp,CMDxor,CMDtest,CMDor,CMDmvrr : boolean;
  signal CMDdec,CMDinc,CMDshl,CMDshr,CMDjr,CMDjrc,CMDjrnc,CMDjrz,CMDjrnz : boolean;
  signal CMDjmpa,CMDldrr,CMDin : boolean;
  signal CMDstrr,CMDpshf,CMDpush,CMDout,CMDpop,CMDmvrd,CMDpopf,CMDret,CMDcala : boolean;
  signal CMDadc,CMDsbb,CMDrcl,CMDrcr,CMDasr,CMDnot,CMDjmpr,CMDjrs : boolean;
  signal CMDjrns,CMDclc,CMDstc,CMDei,CMDdi,CMDcalr,CMDldra,CMDldrx,CMDstrx : boolean;
  signal CMDstra,CMDiret : boolean;
  signal I : std_logic_vector (8 downto 0);

begin

    resultOper <= I(8 downto 6);
    funcChoose <= I(5 downto 3);
    dataOrigin <= I(2 downto 0);
    instruction:
        process(IR(15 downto 8))
        begin
            CMDadd <= ( IR(15 downto 8) = "00000000" );
            CMDsub <= ( IR(15 downto 8) = "00000001" );
            CMDand <= ( IR(15 downto 8) = "00000010" );
```

```
            CMDcmp <= ( IR(15 downto 8)  =  "00000011" );
            CMDxor <= ( IR(15 downto 8)  =  "00000100" );
            CMDtest <= ( IR(15 downto 8)  =  "00000101" );
            CMDor <= ( IR(15 downto 8)  =  "00000110" );
            CMDmvrr <= ( IR(15 downto 8)  =  "00000111" );
            CMDdec <= ( IR(15 downto 8)  =  "00001000" );
            CMDinc <= ( IR(15 downto 8)  =  "00001001" );
            CMDshl <= ( IR(15 downto 8)  =  "00001010" );
            CMDshr <= ( IR(15 downto 8)  =  "00001011" );
            CMDjr <= ( IR(15 downto 8)  =  "01000001" );
            CMDjrc <= ( IR(15 downto 8)  =  "01000100" );
            CMDjrnc <= ( IR(15 downto 8)  =  "01000101" );
            CMDjrz <= ( IR(15 downto 8)  =  "01000110" );
            CMDjrnz <= ( IR(15 downto 8)  =  "01000111" );
            CMDjmpa <= ( IR(15 downto 8)  =  "10000000" );
            CMDldrr <= ( IR(15 downto 8)  =  "10000001" );
            CMDin <= ( IR(15 downto 8)  =  "10000010" );
            CMDstrr <= ( IR(15 downto 8)  =  "10000011" );
            CMDpshf <= ( IR(15 downto 8)  =  "10000100" );
            CMDpush <= ( IR(15 downto 8)  =  "10000101" );
            CMDout <= ( IR(15 downto 8)  =  "10000110" );
            CMDpop <= ( IR(15 downto 8)  =  "10000111" );
            CMDmvrd <= ( IR(15 downto 8)  =  "10001000" );
            CMDpopf <= ( IR(15 downto 8)  =  "10001100" );
            CMDret <= ( IR(15 downto 8)  =  "10001111" );
            CMDcala <= ( IR(15 downto 8)  =  "11001110" );

        end process;


--        produce the timing signals,
--        as soon as the RESET = 1, begin to produce the first step,
--        which is timing = "1000".
--        when RESET = 0, run as the timing controlls.
--      resetProcess:
--      process(RESET)
--      begin
--          if (RESET = '1') then
--          timing <= "00000";
--          end if;
--      end process ; -- resetProcess;

        timeKeeper:
        process(clk, RESET) -- (enable, RESET, timing)
        begin

            timing(4) <= '0';
--            seeTime <= timing;

        if (RESET = '1') then
            timing <= "01000";

        elsif ((clk'event) and (clk = '1')) then

            -- if (enable = '1') then
```

```
            -- timing(3) <= '1';
            -- else
            -- timing(3) <= '0';
            -- end if;
            timing(3) <= '0'; -- not(enable);

            if ((((timing = "00010") and (IR(15) = '1')) or ((timing = "00110") and (IR(15)
    = '1')) or ((timing = "00100") and (IR(15) = '1') and (IR(14) = '1') and (IR(11) = '1')) or
    (timing = "00111")) )then
                    timing(2) <= '1';
            else
                timing(2) <= '0';
            end if;

            if ( ( (timing = "00000") or (timing = "00010") or ((timing = "00110") and (IR
    (15 downto 11) = "11100")) or ((timing = "00100") and (IR(15 downto 14) = "11") and (IR(11)
    = '1')) ) )then
                    timing(1) <= '1';
            else
                timing(1) <= '0';
            end if;

            if ((((timing = "00010") and (IR(15) = '0')) or ((timing = "00110") and (IR(15
    downto 11) = "11100")) or (timing = "00111") or ((timing = "00100") and (IR(15 downto 14) =
    "11") and (IR(11) = '1')) ) )then
                    timing(0) <= '1';
            else
                timing(0) <= '0';
            end if;
        end if;
        end process;

    state <= timing(3 downto 0);
    signal_produce_Process:
    process(timing)
    begin
        -- seeTime <= timing;
-- if (enable = '1') then
--        01000
--      state <= timing(3 downto 0);
        if (timing = "01000") then
            MIO    <= '1';
            REQ    <= '0';
            WE     <= '0';
            addra  <= "0101";
            addrb  <= "0101";
            SCI    <= "01";
            SSH    <= "00";
            I      <= "011001001";
            SST    <= "000";
            DC1    <= "000";
            DC2    <= "0111";

--        00000
```

```
        elsif (timing = "00000") then
          MIO    <= '1';
          REQ    <= '0';
          WE     <= '0';
          addra  <= "0101";
          addrb  <= "0101";
          SCI    <= "01";
          SSH    <= "00";
          I      <= "010000011";
          SST    <= "000";
          DC1    <= "000";
          DC2    <= "1011";
--       00010
        elsif (timing = "00010") then
          MIO    <= '0';
          REQ    <= '0';
          WE     <= '1';
          addra <= "0000";
          addrb <= "0000";
          SCI <= "00";
          SSH <= "00";
          I <= "001000000";
          SST <= "000";
          DC1 <= "000";
          DC2 <= "0001";
--        00011
        elsif (timing = "00011") then
-- MRW
            MIO <= '1';
            REQ <= '0';
            WE <= '0';
--          A
            if (CMDadd or CMDsub or CMDand or CMDcmp or CMDxor or CMDtest or CMDor or
CMDmvrr) then
                addra <= IR(3 downto 0);
            elsif (CMDdec or CMDinc or CMDshl or CMDshr) then
                addra <= "0000";
            else
                addra <= "0101";
            end if;
--          B
            if (CMDadd or CMDsub or CMDand or CMDcmp or CMDxor or CMDtest or CMDor or CMDmvrr or
CMDdec or CMDinc or CMDshl or CMDshr) then
                addrb <= IR(7 downto 4);
            else
                addrb <= "0101";
            end if;
--          SCI
            if (CMDsub or CMDcmp or CMDinc) then
                SCI <= "01";
            else
                SCI <= "00";
            end if;
--          SSH
```

```
             SSH <= "00";
--       I(8)
         if (CMDshl or CMDshr) then
             I(8) <= '1';
         else
             I(8) <= '0';
         end if;
--       I(7)
         if (CMDcmp or CMDtest or CMDshr) then
             I(7) <= '0';
         elsif (CMDjrc) then
             I(7) <= C;
         elsif (CMDjrnc) then
             I(7) <= not(C);
         elsif (CMDjrz) then
             I(7) <= Z;
         elsif (CMDjrnz) then
             I(7) <= not(Z);
         else
             I(7) <= '1';
         end if;
--     I(6)
             I(6) <= '1';
--     I(5) - I(3)
         if (CMDsub or CMDcmp or CMDdec) then
             I(5 downto 3) <= "001";
         elsif (CMDtest or CMDand) then
             I(5 downto 3) <= "100";
         elsif (CMDxor) then
             I(5 downto 3) <= "110";
         elsif (CMDor) then
             I(5 downto 3) <= "011";
         else
             I(5 downto 3) <= "000";
         end if;
--     I(2) - I(0)
         if (CMDdec or CMDinc or CMDshr or CMDshl) then
             I(2 downto 0) <= "011";
         elsif (CMDjr or CMDjrc or CMDjrnc or CMDjrz or CMDjrnz) then
             I(2 downto 0) <= "101";
         elsif (CMDmvrr) then
             I(2 downto 0) <= "100";
         else
             I(2 downto 0) <= "001";
         end if;
--     SST
         if (CMDshl) then
             SST <= "110";
         elsif (CMDshr) then
             SST <= "101";
         elsif (CMDmvrr or CMDjr or CMDjrc or CMDjrnc or CMDjrz or CMDjrnz) then
             SST <= "000";
         else
             SST <= "001";
```

```
                    end if;
--          DC1
            if (CMDjr or CMDjrc or CMDjrnc or CMDjrz or CMDjrnz) then
                DC1 <= "010";
            else
                DC1 <= "000";
            end if;
--          DC2
            DC2 <= "0000";
--          00110
        elsif (timing = "00110") then
            MIO <= '1';
            REQ <= '0';
            WE <= '0';
--          A
            if (CMDin or CMDstrr or CMDpshf or CMDpush or CMDout) then
                addra <= "0000";
            elsif (CMDpop or CMDpopf or CMDret) then
                addra <= "0100";
            elsif (CMDldrr) then
                addra <= IR(3 downto 0);
            else
                addra <= "0101";
            end if;
--          B
            if (CMDldrr or CMDin or CMDout) then
                addrb <= "0000";
            elsif (CMDjmpa or CMDmvrd or CMDcala) then
                addrb <= "0101";
            elsif (CMDstrr) then
                addrb <= IR(7 downto 4);
            else
                addrb <= "0100";
            end if;
--          SCI
            if (CMDjmpa or CMDpop or CMDmvrd or CMDpopf or CMDret or CMDcala) then
                SCI <= "01";
            else
                SCI <= "00";
            end if;
--          SSH
            SSH <= "00";
--          I(8~6)
            if (CMDldrr or CMDin or CMDstrr or CMDout) then
                I(8 downto 6) <= "001";
            elsif (CMDpshf or CMDpush) then
                I(8 downto 6) <= "011";
            else
                I(8 downto 6) <= "010";
            end if;
--          I(5~3)
            if (CMDpshf or CMDpush) then
                I(5 downto 3) <= "001";
            else
```

```
                    I(5 downto 3) <= "000";
                end if;
--          I(2~0)
                if (CMDldrr) then
                    I(2 downto 0) <= "100";
                elsif (CMDin or CMDout) then
                    I(2 downto 0) <= "111";
                else
                    I(2 downto 0) <= "011";
                end if;
--          SST
                SST <= "000";
--          DC1
                if (CMDin or CMDout) then
                    DC1 <= "010";
                else
                    DC1 <= "000";
                end if;
--          DC2
                DC2 <= "0011";
--          00100
        elsif (timing = "00100") then
--          MRW
                MIO <= '0';
                if (CMDin or CMDout) then
                    REQ <= '1';
                else
                    REQ <= '0';
                end if;
                if (CMDstrr or CMDpshf or CMDpush or CMDout) then
                    WE <= '0';
                else
                    WE <= '1';
                end if;
--          addra
                if (CMDstrr or CMDpush) then
                    addra <= IR(3 downto 0);
                else
                    addra <= "0000";
                end if;
--          B
                if (CMDldrr or CMDpop or CMDmvrd) then
                    addrb <= IR(7 downto 4);
                elsif (CMDret or CMDjmpa) then
                    addrb <= "0101";
                else
                    addrb <= "0000";
                end if;
--          SCI
                SCI <= "00";
--          SSH
                SSH <= "00";
--          I(8~6)
                if (CMDcala) then
```

```
                    I(8 downto 6) < = "000";
            elsif (CMDjmpa or CMDldrr or CMDin or CMDpop or CMDmvrd or CMDret) then
                    I(8 downto 6) < = "011";
            else
                    I(8 downto 6) < = "001";
            end if;
--          I(5~3)
            I(5 downto 3) < = "000";
--          I(2~0)
            if (CMDpshf or CMDpopf) then
                    I(2 downto 0) < = "000";
            elsif (CMDstrr or CMDpush or CMDout) then
                    I(2 downto 0) < = "100";
            else
                    I(2 downto 0) < = "111";
            end if;
--          SST
            if (CMDpopf) then
                    SST < = "010";
            else
                    SST < = "000";
            end if;
--          DC1
            if (CMDpshf) then
                    DC1 < = "011";
            elsif (CMDstrr or CMDpush or CMDout) then
                    DC1 < = "001";
            else
                    DC1 < = "000";
            end if;
--          DC2
            DC2 < = "0000";
--          00111
        elsif (timing = "00111") then
--          MRW
            MIO < = '1';
            REQ < = '0';
            WE < = '0';
--          A
            addra < = "0000";
--          B
            addrb < = "0100";
--          SCI
            SCI < = "00";
--          SSH
            SSH < = "00";
--          I(8~0)
            I < = "011001011";
--          SST
            SST < = "000";
--          DC1
            DC1 < = "000";
--          DC2
            DC2 < = "0011";
```

```
--              00101
        elsif (timing = "00101") then
            MIO    <= '0';
            REQ    <= '0';
            WE     <= '0';
            addra  <= "0101";
            addrb  <= "0101";
            SCI    <= "00";
            SSH    <= "00";
            I      <= "010000010";
            SST    <= "000";
            DC1    <= "001";
            DC2    <= "0000";
--          elsif (timing = "00011") then
--          elsif (timing = "00110") then
--          elsif (timing = "00100") then
--          elsif (timing = "00111") then
--          elsif (timing = "00101") then
--          else          add ' -- ' 20041206
--          MIO <= MIO;
--          REQ <= REQ;
--          WE <= WE;
--          addra <= addra;
--          addrb <= addrb;
--          SCI <= "01";
--          SSH <= "00";
--          I <= "010000011";
--          SST <= "000";
--          DC1 <= "000";
--          DC2 <= "1011";
        end if;

    end process;

end Behavioral;
```

4. CPU 顶层文件的实现

顶层文件主要功能是将 3 个文件的相关控制信号联系起来,具体实现代码如下:

```
library ieee;
use ieee.std_logic_1164.all;
use ieee.std_logic_arith.all;
use ieee.std_logic_unsigned.all;
entity CPU is
port(
    CLK        : in std_logic;                              -- ALU 时钟
    RESET      : in std_logic;                              -- 重置控制
    MIO        : out std_logic;
    REQ        : out std_logic;
    WE         : out std_logic;
    ALU_Y      : out std_logic_vector(15 downto 0);        -- 运算结果输出
    FLAGOUT    : out std_logic_vector(3 downto 0);         -- 状态标志位输出
    OB         : inout std_logic_vector(15 downto 0);
    ADDR       : buffer std_logic_vector(15 downto 0);
```

```vhdl
        IRout       :buffer std_logic_vector(15 downto 0);
        DC_2        :out std_logic_vector(2 downto 0);
        stateOut    :out std_logic_vector(3 downto 0)        -- 控制器输出
        );
end CPU;
architecture CPU_architecture of CPU is
component AM2901
        port(
            CLK         :in std_logic;                          -- 时钟脉冲
            dataOrigin  :in std_logic_vector(2 downto 0);       -- 控制信号输入
            funcChoose  :in std_logic_vector(2 downto 0);
            resultOper  :in std_logic_vector(2 downto 0);

            SCi         :in std_logic_vector(1 downto 0);       -- 最低位进位信号形成
            SSH         :in std_logic_vector(1 downto 0);       -- 移位输入信号形成
            SST         :in std_logic_vector(2 downto 0);       -- 状态标志位
            addrA       :in std_logic_vector(3 downto 0);       -- A端口地址
            addrB       :in std_logic_vector(3 downto 0);       -- B端口地址
            D           :in std_logic_vector(15 downto 0);      -- 数据总线数据输入
            resultOut   :out std_logic_vector(15 downto 0);     -- 运算器处理结果
            FLAG        :out std_logic_vector(3 downto 0)
        );
    end component;
    component controllor
        port(
            IR          :in std_logic_vector(15 downto 0);
            C,Z         :in std_logic;
            state       :out std_logic_vector(3 downto 0);
            -- 34位控制信号
            RESET       : in std_logic;
            MIO         :out std_logic;
            REQ         :out std_logic;
            WE          :out std_logic;
            addrA       :out std_logic_vector(3 downto 0);
            addrB       :out std_logic_vector(3 downto 0);
            SCI         :out std_logic_vector(1 downto 0);
            SSH         :out std_logic_vector(1 downto 0);
            resultOper  :out std_logic_vector(2 downto 0);     -- I8~I6
            funcChoose  :out std_logic_vector(2 downto 0);     -- I5~I3
            dataOrigin  :out std_logic_vector(2 downto 0);     -- I2~I0
            SST         :out std_logic_vector(2 downto 0);
            DC1         :out std_logic_vector(2 downto 0);
            DC2         :out std_logic_vector(3 downto 0);
            clk         : in std_logic
        );
    end component;
    component data_IB
        Port (
            DC1         :in std_logic_vector(2 downto 0);
            ALU         :in std_logic_vector(15 downto 0);     -- ALU输出送内部总线
            FLAG        :in std_logic_vector(3 downto 0);      -- 状态标志位送内部总线
            IR          :in std_logic_vector(15 downto 0);     -- 指令寄存器
            WE          :in std_logic;
            MIO         :in std_logic;
```

```
            IB              :out std_logic_vector(15 downto 0);
            OB              :inout std_logic_vector(15 downto 0)
            );
    end component;


    signal state                :std_logic_vector(3 downto 0);        -- 当前状态
    signal ALU,IReg,IB,ADDR_temp  :std_logic_vector(15 downto 0);
    signal FLAG,addrA,addrB       :std_logic_vector(3 downto 0);
    signal SCI,SSH              :std_logic_vector(1 downto 0);
    signal resultOper,funcChoose,dataOrigin,SST,DC1:std_logic_vector(2 downto 0); -- I8 - I6
    signal DC2                  :std_logic_vector(3 downto 0);
    signal MIO_T,REQ_T,WE_T      :std_logic;
    signal C_T,Z_T              :std_logic;

begin
    C_T <= FLAG(3);
    Z_T <= FLAG(2);
    unit1:controllor port map(IReg, C_T, Z_T, state, RESET, MIO_T, REQ_T, WE_T, addrA, addrB, SCI,
SSH, resultOper, funcChoose, dataOrigin,
                SST, DC1, DC2, CLK
                );
    unit2:AM2901 port map(CLK, dataOrigin, funcChoose, resultOper, SCI, SSH, SST, addrA, addrB, IB,
ALU, FLAG
                );
--  unit3:state_change port map(CLk, IReg, RESET, state);
--  unit4:IR port map(CLk, DC2, IB, ALU, IReg, ADDR);
    unit5:data_IB port map(DC1, ALU, FLAG, Ireg, WE_T, MIO_T, IB, OB);

    FLAGOUT   <= FLAG;
    IRout     <= IReg;
    DC_2      <= DC2(2 downto 0);
    ALU_Y     <= ALU;
    WE        <= WE_T;
    REQ       <= REQ_T;
    MIO       <= MIO_T;
    stateOut <= state;

    process(clk)
    begin
    if(clk = '0') then
        case DC2(2 downto 0) is
            when "001" => IReg <= IB;
            when "011" => ADDR <= ALU;
            when others => NULL;            -- add 'null' 20041506
        end case;
    else
    end if;
    end process;

end CPU_architecture;
```

5. 用 FPGA 实现的 CPU 构建教学计算机系统

图 15.2 给出了这个 CPU 与教学计算机已有的存储器部件和串行接口线路的连接方

案。该 CPU 的地址寄存器的输出作为地址总线的内容送到存储器芯片的地址线引脚,用以选择被读写的内存单元,数据总线的内容被送到存储器芯片和串行接口芯片的数据线引脚以提供读写数据。内存储器和 I/O 接口芯片的读写命令也由该 CPU 提供。此时需要确保原来用中小规模器件构建的 CPU 的地址总线和数据总线的输出都处于高阻状态,并且不会产生内存储器和 I/O 接口芯片的读写命令冲突。

为了支持指令流水,需要把内存储器部件分成指令存储器和数据存储器两个独立的存储体,各自使用单独的地址线和数据线。一个存储体由 8K 的 ROM 存储区和 2K(4KB)的 RAM 存储区组成,通过地址线-1、数据线-1 与 FPGA-CPU 相连接;另一个存储体只由 8K(16KB)的 ROM 存储区组成,通过地址线-2、数据线-2 与 FPGA-CPU 相连接。此时这两组总线是分开的。在不选用指令流水线的设计中,也可以把两个 8K(16KB)的 ROM 存储区和一个 2K(4KB)的 RAM 存储区组成为一个统一的存储器部件,此时只使用地址线-1 和数据线-1,取消 CPU 的地址线-2 和数据线-2。为了应对这两种不同的运行方式,在电路板上设置了两组 16 位的跳线夹,如图 15.2 中的虚线部分所示,可以通过连接还是断开这些跳线的方案来支持使用一个还是两个存储体的需求。在实现指令流水,需要作为两个存储体使用时,断开跳线,该 CPU 系统将为这两个存储体分别提供 16 位的地址、数据信息和读写命令。需要作为一个存储体使用时,就接通跳线,该 CPU 系统将通过地址线-1、数据线-1 为这一个存储体提供统一的 16 位的地址与数据信息。对于存储器芯片的片选信号和读写命令同样需要区分两种情况来处理。

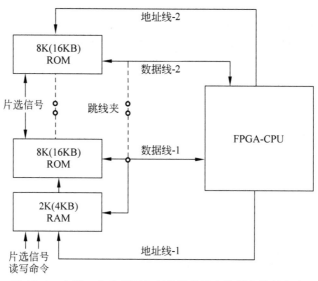

图 15.2　支持一个或者两个存储器体的存储器部件的方案

系统配置了两路串行接口线路,其 8 位的数据线与存储器芯片的低 8 位的数据线连接在一起。两个 CPU 系统可以选择是共同使用同一个串行接口还是各自使用单独的串行接口,有相应的跳线夹来支持这种选择。

15.3.3　实验要求与实验报告

实验之前认真预习,明确实验目的和具体实验内容,明确 I/O 及控制信号的关系,做好实验之前的必要准备。

想好实验的操作步骤,明确可以通过实验学到哪些知识,以及如何有意识地提高教学实验的真正效果。

在教学实验过程中,要爱护教学实验设备和用到的辅助仪表,记录实验步骤中的数据和运算结果,仔细分析遇到的现象与问题,找出解决问题的办法,有意识地提高自己创新思维能力。

实验之后认真写出实验报告,重点是预习时准备的内容、实验数据、实验结果的分析讨论、实验过程,以及遇到的现象和解决问题的办法。

15.3.4 思考题

使用 VHDL 设计一个带指令流水的 CPU。

参 考 文 献

［1］ 宋佳兴,王诚.计算机组成与设计[M].3 版.北京：清华大学出版社,2017.

［2］ 王诚,宋佳兴,张改革,等.计算机组成与设计实验指导[M].3 版.北京：清华大学出版社,2017.

［3］ 马洪连,等.软件学院综合实验教程——计算机硬件综合实验[M].北京：清华大学出版社,2013.

［4］ 迟宗正,赖晓晨,惠煌,等.计算机组成原理实验新教学模式研究实践[J].实验技术与管理,2015,
32(5)：232-235.

［5］ 迟宗正,惠煌,侯刚,等.计算机组成原理实验之"微改革"[J].实验室研究与探索,2015,34(8)：
154-157.

［6］ 迟宗正,侯刚,赖晓晨,等.依托新技术建设移动辅助教学一体化平台[J].实验室研究与探索,2016,
35(5)：166-169.

［7］ 迟宗正,侯刚,赖晓晨,等.基于 TEC-XP 实验箱的数字仿真系统设计与实践[J].实验技术与管理,
2016,33(6)：140-144.

［8］ 迟宗正,赖晓晨,侯刚,等.多媒体多角色通用一体化教学辅助 SPOC 平台建设[J].实验室研究与探
索,2017,36(9)：140-144.